Das Vorstellungsgespräch

Präsentieren Sie sich souverän und erfolgreich

Julia Kleine & Ulrike Heitze

So nutzen Sie dieses Buch

Die folgenden Elemente erleichtern Ihnen die Orientierung im Buch:

Beispiele

In diesem Buch finden Sie zahlreiche Beispiele, die die geschilderten Sachverhalte veranschaulichen.

Definitionen

Hier werden Begriffe kurz und prägnant erläutert.

! Die Merkkästen enthalten Empfehlungen und hilfreiche Tipps.

Auf den Punkt gebracht

Am Ende jedes Kapitels finden Sie eine kurze Zusammenfassung des behandelten Themas.

Inhalt

Kleiner Crashkurs in Sachen Selbst-PR

Bevor wir so richtig mit dem Beraten loslegen, an dieser Stelle erst einmal vorweg einen herzlichen Glückwunsch. Zum einen dafür, dass Ihre schriftliche Bewerbung beim Unternehmen Ihrer Wahl offensichtlich gut angekommen ist und zu einer Einladung zum Bewerbungsgespräch geführt hat.

Zum anderen, weil Sie vielen anderen Kandidaten einen guten Schritt voraus sind: Mit dem Kauf dieses Ratgebers haben Sie signalisiert, dass Sie Vorstellungsgespräche als das erkannt haben, was sie tatsächlich sind: kompliziert. Und dass sie es wert sind, dass man sich mit ihnen ausführlicher befasst.

In unserer Beratungspraxis werden wir sehr oft um Rat gebeten, wenn es um das Texten eines überzeugenden Bewerbungsanschreibens oder eine sinnvolle Struktur für einen Lebenslauf geht. Eher selten kommt jemand, um mit unserer Hilfe ein Vorstellungsgespräch intensiv zu trainieren.

Nachvollziehbar ist das. Mit Lebenslauf und Anschreiben hat man im Alltag selten zu tun, da tut sich ein Bewerber gemeinhin schwer mit dem Formulieren und setzt automatisch auf Hilfe. Aber ein Vorstellungsgespräch? Viele denken: 'Das muss doch zu machen sein. Ich stehe jeden Tag im Job meinen Mann, führe komplizierte Verhandlungen und verarzte schwierige Kunden. Da werde ich einem Unternehmen doch wohl meine Vorzüge geschildert bekommen.' – Ja, das werden sie. Bestimmt. Aber schildern alleine reicht eben nicht, der Personaler muss auch umworben, inspiriert und überzeugt werden. Bewerbungsgespräche folgen eigenen Regeln. Und Sie haben pro Unternehmen immer nur den einen Versuch. Der muss sitzen. Deshalb ist es sinnvoll, auch Vorstellungsgespräche akribisch vorzubereiten.

Wir möchten Ihnen mit diesem Ratgeber dabei helfen und Sie so fit machen, dass Sie selbstbewusst und ruhigen Gewissens in ein Bewerbungsgespräch gehen und überzeugen.

Auf geht's also!

Ulrike Heitze & Julia Kleine

PS: Sie finden jedem unserer Kapitel ein szenisches Beispiel vorangestellt. ***Lieschen Müller*** heißt unsere Protagonistin, der wir durch ihren kompletten Bewerbungsprozess folgen und der wir dabei zuschauen, wie sie sich in der Höhle des Personalerlöwen schlägt.

Wir haben sie von Kapitel zu Kapitel immer lieber gewonnen, und am Ende tat es uns fast schon leid, wenn ihr schon wieder etwas Blödes widerfahren musste.

Dabei ist Lieschen nur ein ganz klein wenig Karikatur. Zugegeben, sie ist zuweilen etwas desorientiert, unorganisiert, schlecht vorbereitet und gibt manchmal wirklich ungeschickte Antworten. Aber sie ist beileibe kein Beispiel geballter Inkompetenz.

Der Termin steht – Ihr Typ ist gefragt

Das Unternehmen ist neugierig auf Sie

> *Angenehm, Lieschen Müller*
>
> *Gestatten Sie, dass ich mich kurz vorstelle? Mein Name ist Lieschen Müller, ich bin 27 Jahre alt und vor kurzem mit meinem Studium – International Management – fertig geworden. Nun bin ich auf Jobsuche. Ich habe mich vor kurzem bei Schneeberger in Berlin beworben. Die suchen jemanden fürs Marketing. Tja, und nächste Woche darf ich zum Vorstellungsgespräch kommen. Super. Ein bisschen Bammel habe ich aber… Neun Gespräche hatte ich bereits. Aber leider ist aus allen nichts geworden. Immer nur Absagen. Da geht man nicht unbedingt locker flockig in so einen Termin. Aber wenn Sie mögen, begleiten Sie mich gerne.*

Seien Sie – seien wir – mal ehrlich: So manches, was Lieschen auf ihrer Tour de Force durch den Bewerbungsprozess geschieht, ist uns allen auch schon passiert. Oder Freunden. Oder Freunden von Freunden. Alles ganz normal.

Prima, Sie haben also eine Einladung zum Vorstellungsgespräch erhalten. Ihre schriftliche Bewerbung ist auf Interesse gestoßen. Das Unternehmen möchte Sie kennenlernen. Damit haben Sie eine gute Etappe auf der Zielgeraden zum neuen Job zurückgelegt, müssen jetzt aber noch mal so richtig Gas geben. Die fachlichen Kompetenzen, das heißt

Ihre Ausbildung, Ihre Berufserfahrung und Ihre Arbeitszeugnisse, haben überzeugt. Der Arbeitgeber traut Ihnen grundsätzlich zu, dass Sie den Job geregelt bekommen. Nun kommt es auf Ihre Persönlichkeit an. Passen Sie zum Unternehmen, zu Ihrer Aufgabe, zum Team? Sind Sie so fit, wie Ihre Unterlagen es vermuten lassen?

Es wird am Ende nicht der genommen, der am Besten passt, sondern der, der sich als der am Besten passende verkauft hat.

Mit der KomBi-Methode wird's leichter

Wir möchten Sie bei der Vorbereitung unterstützen und Ihnen mit der KomBi-Methode ein Instrument an die Hand geben, das Ihnen nicht nur beim bevorstehenden Vorstellungsgespräch, sondern auch in Ihrem weiteren Berufsleben gute Dienste erweisen wird. Mit der KomBi-Methode können Sie eigentlich permanent Ihr eigenes Profil mit den Anforderungen des aktuellen Unternehmens wie auch denen künftiger Arbeitgeber an Sie als Mitarbeiter abgleichen.

Die KomBi-Methode

„KomBi" setzt sich zusammen aus den Worten Kompetenz und Bilanz. Sie machen eine Bestandsaufnahme Ihrer Persönlichkeit, Ihrer Kenntnisse und Erfahrungen – kurz: über Ihre Kompetenzen.

Wenn Sie die Kompetenz-Bilanz einmal sorgfältig erstellt haben, haben Sie nicht nur eine solide Basis für Vorstellungsgespräche, sondern sind auch für alle weiteren beruflichen Entscheidungen gewappnet. Peilen Sie später beispielsweise Auslandsaufenthalte, neue Aufgabenbereiche oder Personalverantwortung an, nehmen Sie sich Ihre persönliche Kompetenz-Bilanz vor, gleichen Ihr Profil und die neuen Aufgaben gegeneinander ab und ermitteln Schnittmengen und Defizite. Sinnvollerweise tun Sie dies sogar ein-, zweimal im Jahr, um möglichst zügig zu entdecken, wenn Ihnen für eine anstehende Entwicklung noch Kompetenzen fehlen. Denn in KomBi steckt natürlich auch das Verb kombinieren. Kombinieren Sie Ihre persönliche Bilanz mit dem Anforderungsprofil des Unternehmens oder – wie oben – mit anderen beruflichen Herausforderungen.

Je größer die Schnittmenge ist, desto besser. In dieser Schnittmenge finden Sie dann auch die besten Argumente, um den Personaler zu überzeugen, dass Sie der richtige Kandidat sind. An Defiziten können Sie gezielt arbeiten oder – wenn es um kurzfristige Termine wie Bewerbungsgespräche geht – an der passenden Argumentation feilen.

KomBi macht den Kopf frei

Wenn Sie sich einmal intensiv mit Ihrem Profil auseinandergesetzt haben, sind Sie für die meisten Fragen der Personaler gerüstet. Ihr Kopf ist frei: Sie brauchen sich nicht vor der nächsten Frage fürchten, sondern können sich auf Ihren Gesprächspartner und Ihre Gesamtwirkung konzentrieren.

Ihre Selbstsicherheit wirkt sich wiederum positiv auf Ihre Ausstrahlung aus. Körpersprache, Mimik und Stimme verraten, dass dort ein souveräner Bewerber sitzt, der weiß, was er zu bieten hat und was das Unternehmen von ihm erwartet.

Wie Sie die KomBi-Methode konkret einsetzen, erfahren Sie jeweils in den einzelnen Kapiteln, vor allem im kommenden.

Auf den Punkt gebracht

- Eine Kompetenz-Bilanz hilft Ihnen bei der Vorbereitung auf den Termin – und kann Sie auch in Ihrem restlichen Berufsleben unterstützen.
- Eine Einladung zum Vorstellen ist ein großer Schritt, aber längst nicht Ihr letzter.
- Als Vorbereitung stellen Sie Ihre Kompetenzen und die Anforderungen der Stelle an Sie gegenüber.
- Mit der Schnittmenge lässt sich prima argumentieren.
- An den Defiziten können Sie eventuell kurzfristig noch arbeiten oder über eine gute Argumentation auffangen.

Eine gute Vorbereitung ist alles

Ein Vorstellungsgespräch erfüllt nicht nur Werbezwecke – Sie wollen einen guten Eindruck machen, das Unternehmen ebenfalls – sondern es dient auch als Informationsplattform: Wer sind Sie? Wie ist das Unternehmen? Was hat man einander zu bieten? Passt man zueinander?

Eine hochkomplexe Gemengelage, mit einem Amateur und einem Profi als Teilnehmer, alles gequetscht in einen ein- bis zweistündigen Termin. Damit der gut über die Bühne geht – und Sie tatsächlich eine gute Figur machen – ist eine sorgfältige Vorbereitung das A und O. Eine Binsenweisheit, mögen viele denken. Wenn wir uns aber die Praxis ansehen, kann man das wohl nicht oft genug betonen.

! Jede Bewerbung, jedes Vorstellungsgespräch ist einzigartig und bedarf der individuellen Vorbereitung. Mit der Einstellung „Ich geh da mal hin und schaue, was auf mich zukommt", wird Ihre Verabschiedung nach dem Vorstellungsgespräch eine endgültige sein.

Je mehr Sie vorher wissen, desto besser

Der volle Durchblick

‚Ach, das ist ja interessant', denkt Lieschen Müller und liest den Aufmacherartikel im Handelsblatt ein zweites Mal. ‚Die sind ja gar nicht börsennotiert. Gut, dass Mama mir den Artikel noch rübergebracht hat. Das wäre ja voll peinlich geworden, wenn ich den Personaler nach der Kursentwicklung gefragt hätte. Dann werde ich diese Frage gleich mal von meiner Liste streichen.' Aber wonach sonst fragen? Geschäftsentwicklung? Produktpalette? Marktanteile? ‚Geschäftsentwicklung ist gut', sagt sich Lieschen und notiert. ‚Damit zeige ich, dass ich auch unternehmerisch denke.'

Kein Boxer steigt in den Ring, ohne nicht im Vorfeld fleißig trainiert, den Gegner studiert und sich eine entsprechende Strategie für den Kampf zurechtgelegt zu haben. Auch wenn Sie das Unternehmen nicht als Gegner verstehen sollten, halten Sie es in Ihrer Vorbereitung wie ein Boxer.

Lernen Sie das Unternehmen kennen

Ihr potenzieller Arbeitgeber erwartet von Ihnen, dass Sie sich eingehender mit ihm befasst haben. Personaler berichten immer wieder von Bewerbern, die bei ihrer Recherche kaum über die Homepage hinausgekommen sind, die Produktpalette und die Firmenstruktur nicht kennen usw. Sie erkennen das an den durchaus simplen Fragen, die Ihnen dann gestellt werden. Das spricht dann nicht unbedingt dafür, dass sich diese Bewerber brennend für genau dieses Unternehmen interessieren. Darüber hinaus steht Ihnen im

Vorstellungsgespräch nur eine begrenzte Zeit für Fragen zur Verfügung. Die sollten Sie nicht mit Themen verschwenden, die Sie im Vorfeld ganz leicht selbst klären können. Stellen Sie lieber Fragen, die Sie in Ihrem Urteil, ob das Unternehmen das Richtige für Sie ist, wirklich weiterbringen.

Das sollten Sie recherchieren ...	**... und hier werden Sie fündig**
Unternehmenshistorie, -struktur und Eigentumsverhältnisse	Geschäftsbericht, Investor Relations-Webseiten
Wirtschaftliche und Aktienkurs-Entwicklung, Aussichten/Prognosen	Finanzwebseiten und Analystenberichte, z. B. unter www.onvista.de
Aktuelle Berichterstattung über Auftragslage, Einstellungen/ Entlassungen, Skandale *(gut zu wissen, aber bitte im Gespräch galant umschiffen)*	News-Portale, Wirtschaftsdatenbanken wie z. B. www.genios.de
Aktuelle Berichterstattung, Prognosen über die Branche, die Konkurrenz	z. B. über Berichte von Branchenverbänden, Einschätzungen von Analysten
Tipp: Richten Sie sich via Internet einen eigenen kleinen Infodienst zum Thema ein	z. B. über Google Alert oder RSS-Feeds

Was wollen Sie?

Das Unternehmen will ein bisschen mehr über Sie erfahren. Damit Sie sich gut und überzeugend verkaufen können, müssen Sie im Vorfeld erst mal selbst ein bisschen über sich und Ihre Motivation wissen. Sie brauchen jetzt nicht in eine tiefenpsychologische Analyse einzusteigen, aber machen Sie trotzdem einen kleinen Kassensturz: Was ist mir im Beruf wichtig? Was sollte der neue Job bieten? Auf was würde ich mich auf keinen Fall einlassen? Warum soll es genau diese Branche, dieses Unternehmen sein?

Klären Sie Ihre Wünsche, Ziele, Vorstellungen und Erwartungen an einen möglichen neuen Job. Nur wer das über sich weiß, kann auch später überzeugend dafür eintreten. Wer nicht weiß, was ihm gut tut und was er sucht, kann nicht abgleichen, ob das Unternehmen überhaupt zu ihm passt. Geschweige denn über Konditionen verhandeln.

Auf den Punkt gebracht

Nutzen Sie die Zeit vor dem Bewerbungsgespräch zur intensiven Recherche :

- Finden Sie so viel wie möglich über das Unternehmen, die Branche, die Konkurrenz heraus. Das Internet ist eine ergiebige Quelle. Stellen Sie Fragen zusammen, die sich für Sie daraus ergeben und die Sie dem Unternehmen stellen wollen.
- Gehen Sie in sich: Was wollen Sie selbst? Was muss der Job können? Wo liegen Ihre Stärken und Schwächen? Eine realistische Selbsteinschätzung ist gefragt.

Bringen Sie Ihr Profil auf den Punkt

> ## *Hauptsache qualifiziert*
>
> *,Mal schauen, was kann ich denn so alles?' Lieschen Müller nagt an ihrem Bleistift und brütet über einem weißen Blatt Papier. ,Tja, eigentlich nix richtig. Aber das kann ich ja wohl schlecht sagen. ... Ich kann gut organisieren. Die Weihnachtsfeiern im Verein sind immer gut angekommen. Ja, das kann ich gut auf die Liste setzen. Und neben Englisch kann ich noch ein bisschen Schwyzerdütsch. Vielleicht sollte ich das auch noch anbringen. Kann ja nicht schaden. Wer weiß? Und gut dekorieren kann ich. Im Praktikum haben sich immer alle über meinen Schreibtisch gefreut. Ein bisschen kreative Ader findet ein Unternehmen bestimmt nicht schlecht.'*

Auch wenn Ihnen derzeit noch ein bisschen schleierhaft sein mag, wie Sie sich im Vorstellungsgespräch überzeugend präsentieren, werden Sie im Zuge der Vorbereitungen feststellen: Sie fangen keineswegs bei Null an. Für die Stelle bei der Schneeberger GmbH in Berlin ist Lieschens Schwyzerdütsch kaum relevant, aber möglicherweise ist dieses Detail bei einer späteren Bewerbung einmal ausschlaggebend. Also aufschreiben! Auch Sie fangen keineswegs bei Null an. Für die schriftliche Bewerbung haben Sie sich bereits Gedanken über Ihre Stärken – und vielleicht auch schon über Ihre Schwächen – gemacht. Im Anschreiben haben Sie sicherlich etwas über die Kompetenzen und Erfahrungen erzählt, die Sie für die ausgeschriebene Stelle mitbringen. Jetzt heißt es, per KomBi-Methode ein bisschen tiefer zu bohren und letztlich Struktur reinzubringen.

Wer bin ich? Was kann ich?

Im ersten Schritt setzen Sie sich intensiv mit Ihrer Person, Ihrem Wissen, Ihrem Lebenslauf, Ihren Erfahrungen, Ihren guten und weniger guten Eigenschaften auseinander.

Schreiben Sie eine Liste, quasi wie ein Zeugnis für sich selbst:

- Beschreiben Sie Ihre letzte Tätigkeit und Ihre beruflichen Erfolge, für die Sie besonders gelobt wurden und auf die Sie persönlich besonders stolz sind. Was waren entscheidende Punkte/Wendepunkte in Ihrer Laufbahn?
- Wo liegen Ihre Stärken? Was können Sie besonders gut? Schreiben Sie auch die Dinge auf, die Ihnen selbstverständlich erscheinen.
- Fragen Sie Freunde und Bekannte, wie sie Sie einschätzen. Bitten Sie um ehrliches Feedback.
- Mit welchen Soft Skills können Sie punkten? Zu den Soft Skills zählen zum Beispiel Teamfähigkeit, Flexibilität, Engagement, Belastbarkeit, Kommunikationsstärke und Überzeugungskraft, interkulturelle Kompetenz, Kundenorientierung, Einfühlungsvermögen, aber auch Präsentations- und Moderationsfähigkeiten, Rhetorik et cetera. Ein weites Feld. Unterm Strich alles, was über das Fachwissen hinausgeht und dennoch für den Erfolg im Job wichtig ist.
- Was können Sie nicht so gut? Sowohl in fachlicher wie menschlicher Hinsicht. Wo hapert es bei den Soft Skills?
- Warum möchten Sie überhaupt Ihren Job wechseln? Wie war Ihre Beziehung zu Vorgesetzten, Kollegen und

Kunden? Was erwarten Sie von Ihrer beruflichen Zukunft?

Notieren Sie alles, was Ihnen in den Sinn kommt. Erst wenn Sie einmal ungefiltert und unzensiert Ihre Gedanken haben schweifen lassen, kristallisiert sich Ihr wirkliches Profil heraus.

Wen sucht der Arbeitgeber?

Nehmen Sie jetzt alles unter die Lupe, was Sie vom Unternehmen bereits wissen. Was ist zum Beispiel der Tenor der Karriererubrik auf der Unternehmenswebseite? Analysieren Sie die Anforderungen in der Stellenanzeige. Wer wird da gesucht? Spekulieren Sie ein bisschen: Welche Attribute müsste der Idealbewerber für dieses Unternehmen und für diese Stelle mitbringen? Aus Ihren Rechercheergebnissen zum Unternehmen lässt sich oft schon vielerlei folgern.

Ziehen Sie Bilanz

Um Bilanz zu ziehen, können Sie es jetzt ganz handfest angehen: Knicken Sie ein Blatt der Länge nach. Links ist die Spalte für Sie und das, was Sie mitbringen, rechts für das Unternehmen und was es sucht.

Gliedern Sie die Tabelle z.B. in folgende Kategorien:

- *Hard Facts (Alter, Wohnort, physische Belastbarkeit etc.)*
- *Ausbildung*
- *Berufserfahrung*
- *Kompetenzen (Fachliche, menschliche, Soft Skills etc.)*
- *Entwicklungsmöglichkeiten/ -wünsche*

Es kommt durchaus vor, dass Sie gewissen Anforderungen des Unternehmens nichts entgegenzusetzen haben. Hier müssen Sie ein bisschen spekulieren, ob diese Differenzen unüberwindbar oder nebensächlich sind. Auf jeden Fall gehören auch sie zu einer guten Gesprächsvorbereitung.

Sie haben nun Ihr persönliches Profil und die Interessen des Arbeitgebers erarbeitet. Das ist die Basis dafür, dass Sie nun eine überzeugende Präsentation Ihrer Person in Angriff nehmen.

Auf den Punkt gebracht

Mit der KomBi-Methode zur Bestandsaufnahme:

- Sammeln Sie – unzensiert und frei nach Schnauze –, was Sie als Person und Mitarbeiter ausmacht, Ihre Stärken und Schwächen, Ihre Fähigkeiten und Kenntnisse, Ihre beruflichen Wünsche.
- Fassen Sie zusammen, was Sie über das Unternehmen und vor allem seine Anforderungen an Sie wissen.

Werbespot in eigener Sache

Ein beeindruckendes Leben

„Liebe Frau Müller, dann erzählen Sie uns doch mal ein bisschen was über sich." „Tja, also", setzt Lieschen Müller an und holt noch einmal tief Luft. „Wie Sie ja meinem Lebenslauf entnehmen, bin ich vor 27 Jahren in Berlin geboren. Meine Eltern sind Horst und Gisela Müller. Ich habe in Berlin die Grundschule besucht und anschließend das Gymnasium. Nach dem Abitur hatte ich dann keine Lust auf eine Lehre – meine Eltern wollten ja, dass ich zur Bank gehe –, sondern habe dann lieber angefangen zu studieren. Sie wissen ja, International Management mit Schwerpunkt Marketing. Das hat mir total Spaß gemacht. Und weil es immer heißt, dass man Auslandsaufenthalte machen soll … Herr Sparbier? Herr Sparbier! Entschuldigung, hören Sie mir eigentlich zu?"

Nachdem Sie sich einen Überblick verschafft haben, welche Qualitäten für das anstehende Bewerbungsgespräch relevant sind, geht es nun darum, diese so in die einzelnen Phasen des Gesprächs zu integrieren, dass Sie zu Mr. oder Mrs. Right für das Unternehmen werden. Ihre Darstellung muss Eindruck machen.

Die beste Chance dafür bietet die sogenannte Selbstpräsentation. Wie der Name schon sagt, sollen Sie sich in einem kurzen Referat – meist drei bis fünf Minuten – selbst darstellen. *(Details dazu und zu den anderen Phasen eines Bewerbungsgesprächs lesen Sie im Kapitel „Das Gespräch ist eröffnet", ab Seite 51).*

Picken Sie interessante Details aus Ihrem beruflichen Werdegang heraus, natürlich immer mit Blick auf das Stellenprofil. Üben Sie die Selbstpräsentation bis zum Abwinken ein. Denn anders als in der anschließenden Fragerunde haben Sie hier das Heft selbst in der Hand. Sie können den Gang der Argumentation und die Aufmerksamkeit der Zuhörer aktiv in die eine oder andere Richtung lenken.

!

Die Ausgangsüberlegung für eine gute Präsentation besteht grundsätzlich aus drei Aspekten:

- *Was wollen Sie inhaltlich rüberbringen?*
- *Wie packen Sie das in Worte?*

Welche Argumente, Beispiele, Episoden belegen Ihre Geschichte?

Folgende Überlegungen helfen Ihnen, einen aussagekräftigen Werbespot für sich zu entwickeln:

- Filtern sie aus all Ihren Erfahrungen und Qualitäten die heraus, die für die Position relevant sein könnten. Das sind Ihre Verkaufsargumente, die Sie einbauen und mit Beispielen belegen sollten. Der Rest ist bestenfalls nice to have, aber nicht wirklich wichtig für die Stelle.
- Auch wenn Sie Ihren Werdegang darstellen sollen, fangen Sie lieber nicht in grauer Vorzeit an, sondern bauen Sie Ihre Erzählung andersherum auf. Beginnen Sie mit den aktuellen, berufsnahen Erfahrungen, den Gründen, warum Sie auf die Stelle passen könnten.

Sonst ist Ihre Zeit um, bevor Sie beim Spannenden angelangt sind.

- Eine gewisse Chronologie kann zwar nicht schaden, besser aber ist es, wenn Sie ausgehend von Ihren Fähigkeiten berichten: Statt „Bei Firma xy habe ich Marketing gemacht und zwar folgendes ... Und in Firma abc habe ich danach auch wieder Marketing gemacht und zwar …". Geschickter wäre: „Ich habe mittlerweile xy Jahre Marketingerfahrung gesammelt. Entsprechende Berufserfahrung war ja ein wichtiges Kriterium in Ihrer Stellenanzeige. In meiner aktuellen Stelle bei Firma abc verantworte ich … und zuvor habe ich … Jahre lang in Firma xy … betreut." – Merken Sie den Unterschied? Gehen Sie also weg von den reinen Stationen Ihres Lebenslaufs – Arbeitsstelle, Studium, Praktikum – hin zu den Inhalten: Im Praktikum bei xy habe ich folgende Erfahrungen gesammelt: …
- Arbeiten Sie rechtzeitig für die Stelle relevantes Spezialwissen heraus und lernen Sie das verständlich darzustellen. „Ich bin Ingenieur" reicht ebenfalls nicht, Sie müssen schon sagen, was Sie können. So detailliert kennt sich der Personaler im Zweifel nicht aus, dass er von alleine draufkommt.
- Sie müssen sowohl mit Ihrem fachlichen Wissen wie auch mit Ihren persönlichen Fähigkeiten überzeugen – und entsprechende Beispiele finden. Ein Fehler vieler Bewerber, die meinen, es reiche doch, dass sie fachlich einiges drauf haben. „Im stillen Kämmerlein"-Jobs gibt es nicht mehr. Alle müssen zum Beispiel gut in Teams klar kommen.

- Ziehen Sie immer wieder Parallelen zwischen dem, was Sie gelernt/angewandt haben, und den Jobanforderungen ein.
- Jede gute Geschichte lebt von Bildern, Beispielen, Anekdoten. Es überzeugt kaum, wenn Sie von sich sagen „Ich bin teamfähig." Glaubhaft wird es erst, wenn Sie ein Beispiel bringen, wo Sie gut im Team gearbeitet haben. Suchen Sie Beispiele in der eigenen Vita, die die jeweiligen Anforderungen der Stelle aufgreifen und belegen.
- Genauso wie Sie für fachliche Qualifikationen Beispiele bereitlegen sollten, müssen Sie es auch mit den Soft Skills tun. Berufserfahrene tun sich da naturgemäß leichter, Berufseinsteiger müssen über Praktika, Projekte in Ausbildung und Studium oder mit sozialem Engagement argumentieren.
- Derzeit ganz oben auf der Beliebtheitsliste der Personaler: Berufserfahrung und soziale Kompetenzen. Deshalb unbedingt in die Selbstpräsentation einbauen und glaubhaft belegen.

Auf den Punkt gebracht

- Ihre Selbstpräsentation sowie Ihre Antworten auf die gängigen Personalerfragen sollten Sie sich vorher zurechtlegen. Schnellschüsse aus der Hüfte gehen meist daneben.
- Illustrieren Sie Ihre Verkaufsargumente stets mit Beispielen und Erfolgen aus Ihrer Vita.
- Betonen Sie nicht nur fachliche Qualitäten, sondern auch persönliche. Der Nachweis von für die Stelle und die Firma relevanten Soft Skills ist wichtig.
- Lösen Sie sich auf jeden Fall von einer chronologischen Lebenslauferzählung. Beginnen Sie im Jetzt und clustern Sie dann Ihre Erfahrungen mit Beispielen aus Ihrer Vita.

Die Psyche in den Griff kriegen – Reden lernen

Das Ringen um Worte

'Mist, ich bin so aufgeregt, was stammele ich mir denn hier zurecht? Ich hatte das doch vorhin im Zug alles noch mal durchgelesen. Lieschen Müller ringt seit ein paar Minuten hörbar um die richtigen Worte. Personalleiter Sparbier unterbricht das Trauerspiel: „Well fine, Mrs. Müller, let's switch into English. Could you please tell us something about your master thesis?" 'Himmel, was will der denn jetzt? Mist, wie übersetze ich denn den Titel meiner Abschlussarbeit?' „Well, after my degree ..."

Dass Ihnen vor einem Bewerbungsgespräch ordentlich die Nerven flattern, ist ziemlich normal – und auch ganz gut so. Denn nur so bekommen Sie das nötige Adrenalin zusammen, um richtig gut und auf den Punkt konzentriert zu sein. Vor den Personalverantwortlichen müssen Sie Ihre Nervosität auch gar nicht groß herunterspielen, die kennen das. Und im Grunde ist ihnen ein aufgeregter Bewerber deutlich lieber als einer, der kalt wie eine Hundeschnauze daherkommt. Schwer zu glauben, dass dem die Stelle wirklich wichtig ist. Gegen die Gefahr, dass es Ihnen vor lauter Muffensausen die Sprache verschlägt und sich der berühmte Rote Faden in Luft auflöst, gibt es ein paar Hausmittelchen: Zunächst machen Sie sich mal klar, dass sie hier willkommen sind. Man hat Sie eingeladen und will Sie kennenlernen.

Denken Sie positiv

Grundsätzlich möchte die Firma Sie einstellen und nicht loswerden. Es gibt also keinen Grund, argwöhnisch zu sein und überall Fallen zu vermuten. Dass man Ihnen auf den Zahn fühlen will, ist ja nur legitim.

Gedanken in Worte fassen

Während es in den vorherigen Kapiteln darum ging, sich Argumente zurechtzulegen, ist es nun wichtig, sie in Worte und Sätze zu packen und laut auszusprechen. Nur so gehen sie Ihnen in Fleisch und Blut über. Das gibt Ihnen die entsprechende Sicherheit, Ihr Auftreten wird flüssig und souverän.

- Heuern Sie Partner und Freunde an, die den kritischen Personaler mimen und proben Sie mit ihnen alle Wendungen eines Gesprächs.
- Üben Sie, kurze und präzise Antworten auf die Ihnen gestellten Fragen zu geben. Manche Bewerber verfallen vor lauter Unsicherheit gerne ins Schwafeln. Aber: Einsilbig dürfen Sie auch nicht sein. Ein Personaler will nicht ständig nachbohren. Ein Mittelweg wäre also prima.
- Viele Bewerber – gerade die frisch von der Uni – machen den Fehler, allzu sehr in Plattitüden, Substantiven und Wissenschaftsdeutsch zu sprechen. Versuchen Sie, „normal" zu sprechen, verwenden Sie Bilder und Beispiele aus Ihrer Praxis. Machen Sie Ihre Worte plastisch. Verben statt Substantive.

Let's go on in English

Gerade wenn es um Positionen mit einem starken internationalen Bezug geht, ist es keine Seltenheit mehr, dass mitten im Gespräch in eine Fremdsprache gewechselt wird. In der Regel ist das Englisch, es kann grundsätzlich aber jede Sprache sein, von der Sie in Ihrer Bewerbung gute, sprechtaugliche Kenntnisse angegeben haben. Wirklich üben können Sie diese Passagen nicht, Sie sollten zum Eingewöhnen aber Ihre Selbstpräsentation mal in Englisch vorbereiten und über die Schwerpunkte Ihrer Arbeit, Ihre Abschlussarbeit und Ihre Projekte sprechen können. Schreiben Sie das nötige Vokabular auf einem Spickzettel zusammen.

Die kleine Extraportion Stress

Um zu testen, wie Sie unter Druck reagieren, kommen immer häufiger in Bewerbungsgesprächen sogenannte Stressinterviews oder einzelne Stressfragen zum Einsatz. Der Personaler schlägt plötzlich einen harscheren Ton an, stellt doofe Fragen, setzt Sie unter Druck. Sanfte Gemüter würden es als vielleicht sogar als „fertig machen" empfinden.

> ***So könnten Stressfragen aussehen:***
>
> - *Ihre Noten in xy sind ja nicht so dolle.*
> - *Ihre Noten sind ja super. Dann wird das Niveau der Uni ja nicht so hoch gewesen sein.*
> - *Wie ich Ihrem Lebenslauf entnehme, haben Sie die Firma xy schon während der Probezeit wieder verlassen. Wollte man Sie dort nicht mehr?*
> - *Sie haben aber ziemlich lange studiert.*
> - *Wenn Sie so gut qualifiziert sind, warum sitzen Sie dann hier und haben immer noch keinen Job?*

Zugegeben, man muss im ersten Moment erstmal schlucken. Aber haben Sie immer im Hinterkopf: Keiner will Ihnen persönlich an den Karren fahren. Das gehört mit zum Spiel. Lernen Sie also mitzuspielen.

Lassen Sie sich nicht provozieren, üben Sie einfach vorher. Klappern Sie mögliche neuralgische Punkte in Ihrem Lebenslauf ab und machen Sie sich Gedanken, wie Sie sie erklären wollen. Keine Entschuldigungen oder Ausflüchte, sondern Erklärungen.

Um die Schrecksekunde zu überwinden und Zeit zu gewinnen, könnten Sie zum Beispiel nachfragen: „Woraus schließen Sie das?“, „Wie meinen Sie das?“

Bleiben Sie bei Ihrer Antwort sachlich, steigen Sie nicht auf Unterstellungen und Behauptungen ein, sondern lassen Sie das Argument ins Leere laufen. Im Idealfall kehren Sie es sogar so um, dass Sie dabei wieder positiv dastehen.

> ***So könnte eine Antwort auf die Kündigungsfrage aussehen:***
>
> *„Ich habe während der Probezeit selbst gekündigt. Meine Vorstellung, selbständig zu arbeiten und Verantwortung zu übernehmen, ließ sich partout nicht mit der Stelle überein bringen. Dann halte ich es immer für besser und fair für beide Seiten, zeitnah eine Veränderung anzustreben. Und nach dem, was Sie mir über die zu besetzende Position erzählt haben, suchen Sie jemanden, der gerne selbstständig arbeitet und bereit ist, Verantwortung zu übernehmen. Ich denke, da würden wir gut zueinander passen.“*

Üben Sie auch, Pausen auszuhalten, denn auch sie sind oft ein Mittel, Sie unter Stress zu setzen: Haben Sie eine Frage beantwortet, ist der Personaler wieder dran. Schieben Sie nicht noch eine weitere Erklärung nach und noch eine und noch eine, nur um die verunsichernde Pause zu füllen. Das macht eine Antwort selten besser.

Mehr zu Stressfragen und die möglichen Antworten finden Sie im Kapitel „Schluss mit dem Geplänkel“, ab Seite 83.

Auf den Punkt gebracht

Ihre Nerven vor dem großen Auftritt bekommen Sie vor allem durch eine gute Vorbereitung in den Griff:

- Üben Sie das Gespräch mit Ihrem Partner oder Freunden.
- Lernen Sie, präzise auf die Ihnen gestellten Fragen zu antworten. Schwafeln Sie nicht. Seien Sie aber auch nicht einsilbig.
- Fassen Sie Ihre Selbstpräsentation, Ihre Argumente und Antworten in Worte und sprechen Sie sie laut aus. Variieren Sie Ihre Erzählung, damit Sie nicht ins Auswendiglernen verfallen.
- Bereiten Sie sich auf Sprachwechsel mitten im Gespräch vor. Ein Spickzettel mit den wichtigsten Vokabeln für Ihre Selbstpräsentation und über Ihr Aufgabengebiet hilft.
- Lassen Sie sich bei Stressfragen nicht aus der Ruhe bringen. Mit ein bisschen Übung lernen Sie, sie entsprechend zu kontern und ins Positive zu drehen.

Bauch rein, Brust raus, Schultern zusammen

Großhirn an Hände, Großhirn an Hände

„Ich bin sehr selbstbewusst und ausgeglichen und kann Menschen gut führen. Das habe ich als Spielführerin in meinem Verein gelernt", erklärt Lieschen Müller ihre menschlichen Vorzüge und ringt dabei ausgesprochen vehement die Hände. ‚Hände runter, Hände runter', meldet sich ein Stimme in ihrem Unterbewusstsein. ‚Das wolltest du doch nicht mehr machen. Das wirkt unsouverän.' Die Hände wandern zurück in ihren Schoß. Gerade noch die Kurve gekriegt. Leider ist aber jetzt auch der Rote Faden weg. „Wo war ich stehen geblieben?"

Da erzählen wir Ihnen sicher nichts Neues: Die Körperhaltung sagt viel über einen Menschen und seinen Gemütszustand aus. Mit einer offenen und dynamischen Körpersprache unterstreichen Sie das Engagement, das Sie dem Personaler so wortreich zu verkaufen suchen. Signalisiert Ihr Körper dagegen alles andere als Tatkraft und Selbstbewusstsein, ist das eher kontraproduktiv für Ihre Worte.

! Wenn Ihr Körper etwas anderes erzählt als Ihre Worte, wird Ihnen Ihr Gegenüber das Gesagte nur schwer abkaufen können.

Insofern ist es tatsächlich wichtig, dass Sie bei Ihrer Vorbereitung ein paar Gedanken an Ihre Ausstrahlung und Körperhaltung verwenden und sich nicht nur auf die Inhalte des anstehenden Gesprächs konzentrieren.

Betrachten Sie das Thema aber eher als Langfristprojekt, denn wenn Sie versuchen, sich vor einem Bewerbungsgespräch mal eben eine neue Körpersprache anzutrainieren, kann das schnell ins Auge gehen. Im schlimmsten Fall vergessen Sie Ihren Text oder Sie wirken in Gestik und Mimik aufgesetzt und künstlich. Dann wird der Personaler Sie bestenfalls merkwürdig finden.

Zu einer überzeugenden Außenwirkung kommen Sie in kleinen Schritten, die damit beginnen, dass Sie sich Ihr Auftreten und Ihre Wirkung auf andere überhaupt erst mal bewusst machen. Da Sie das Bewerbungsgespräch ja ohnehin mal mit, mal ohne Gesprächspartner in allen Einzelheiten durchspielen sollen, lassen Sie bei den Proben einfach einen Camcorder oder eine Handykamera mitlaufen. Sich selbst im Video zu sehen, fühlt sich zugegebenermaßen blöd an, aber nur so können Sie sich mal „von außen" betrachten.

Analysieren Sie selbstkritisch:

- *Wie kommen Sie rüber?*
- *Selbstbewusst oder verhuscht?*
- *Sympathisch oder als Lackaffe?*
- *Eloquent oder zugeknöpft? Laut oder leise?*
- *Welche typischen Stress- und Verlegenheitsgesten machen Sie bei sich aus?*
- *Wirken Sie hier und da dominant oder rechthaberisch?*
- *Wenn Sie der Personaler wären, würden Sie sich Ihre Worte abkaufen?*

- *Wenn Sie sich nur mal beobachten: Würden Sie sich einstellen wollen? Warum? Warum nicht?*
- *Was stört Sie? Was würden Sie ändern wollen?*

Im nächsten Schritt fragen sie einen ehrlichen (!) Freund um Feedback. Was fällt ihm auf?

In der Folge werden Ihnen die Verhaltensweisen, die Sie stören und die Sie ändern wollen, immer öfter von selbst auffallen. Dann können Sie sukzessive ans „Verbessern" gehen. Diese Vorgehensweise nimmt zwar etwas Zeit in Anspruch, ist aber nachhaltig.

Nachfolgende Tipps bekommen Sie auch noch kurz vor Toresschluss überzeugend umgesetzt:

- Das A und O: Statt beharrlich auf den Boden zu starren, kommt es viel besser, wenn Sie oft Blickkontakt suchen und halten.
- Lachen und lächeln ist dringend erlaubt. Auch Bewegung und Mimik verleihen Ihren Worten Nachdruck und Leben.
- Gestikulieren ist toll. Wild gestikulieren ist albern.
- Wohin mit den Armen, wenn Sie im Gespräch irgendwo stehen? – Lassen Sie sie nicht schlaff herunterhängen und verschränken Sie sie nicht hinter dem Rücken, denn dann haben Sie einen weiten Weg zum Gestikulieren. Besser: Locker seitlich und vor dem Körper anwinkeln. Die Ellbogen sind dann auf Hüfthöhe. Perfekte Ausgangslage, um die eigenen Worte durch Gestik zu unterstreichen.

- Die überzeugendste Sitzposition: aufrecht, den Rücken angelehnt, die Arme locker auf den Lehnen abgestützt oder, wenn keine da sind, im Schoß ruhend – bereit, Ihre Worte tatkräftig zu unterstützen. Für die Herren: nicht breitbeinig hinfläzen, die Beine nur hüftbreit aufstellen. Beine locker übereinanderschlagen ist auch in Ordnung. Die Damen bitte dann bei kurzen Röcken etwas aufpassen.

- Entgegen landläufiger Küchenpsychologie signalisieren verschränkte Arme nicht per se eine Abwehrhaltung. Mit offenem Lächeln und entspannt im Stuhl zurückgelehnt zeigen Sie, dass Sie sich selbst gerade zurücknehmen, um Ihrem Gegenüber aufmerksam zuzuhören. Negativ wird es mit verkniffenem Lächeln und hoch gezogenen Schultern.

Auf den Punkt gebracht

- Ihre Körpersprache sollte das widerspiegeln, was Sie mit Worten vermitteln. Sonst entsteht ein Widerspruch.
- Gestik und Mimik lassen sich nicht ad hoc umtrainieren, sondern müssen langsam wachsen. Ergo: fleißig üben.
- Mit einigen einfachen Kniffen können aber auch schon Ungeübte Sympathiepunkte sammeln.
- Am schnellsten zu erlernen: Blickkontakt suchen und halten. Lächeln nicht vergessen. Aufrecht und locker halten. Mit Gestik und Mimik arbeiten (nicht übertreiben!).

Designer-Jeans oder Zweireiher?

Hilfe, ich hab nichts anzuziehen!

Dienstag früh, 7.30 Uhr: Das dunkelblaue Kostüm wäre super. Aber nein, da fehlt ja immer noch der Knopf am Ärmel. Leider ist keine Zeit zum Annähen. Der Termin ist für 9 Uhr angesetzt und Lieschen Müller muss noch tanken. Da ist ein bisschen Eile angesagt. Okay, dann eben der graue Anzug. Wo war der doch gleich? Darin sieht Lieschen zwar immer ein bisschen blass aus, aber egal. Dann wird eben mit ordentlich Make-up nachgeholfen.

7.45 Uhr: Die Knitterfalten in der weißen Bluse sind nicht so schön. Sieht hoffentlich keiner. Lieber die schwarzen Pumps oder die dunkelroten Stöckel? Ärgerlich, die Pumps sind nicht geputzt. Dann also die hohen Hacken. Peppen immerhin den langweiligen Anzug ein bisschen auf, sagt sich Lieschen. Dazu noch die passenden XXL-Creolen.

8.00 Uhr: Vielleicht doch den grauen Minirock …?

Kleider machen Leute – diese oft strapazierte Alltagsweisheit gilt natürlich auch für Vorstellungsgespräche. Zwar ist sicher noch kein Bewerber allein deshalb genommen worden, weil er ein bestimmtes Outfit trug, oder nach einer starken Selbstpräsentation rausgeflogen ist, weil der Anzug nicht passte. Aber eine adäquate Bekleidung hilft, einen auch sonst guten Eindruck zu unterstreichen – während eine schwache Performance in einer nachlässigen Verpackung noch schlechter rüberkommt als in einer hochwertigen.

Eigentlich sollte eine gepflegte, wirtschaftstaugliche Erscheinung selbstverständlich sein, aber nach dem, was Personaler immer wieder aus Bewerbungsgesprächen berichten, ist dem anscheinend längst nicht so: Vom Konfirmandenanzug über Löcherjeans bis zum bauchfreien Top und Super-Mini reicht die Liste der modischen Fehlgriffe in Vorstellungsgesprächen.

Sie sollten sich in Ihrer Bewerbungskleidung wohlfühlen und sich bewegen können. Wenn's kratzt oder einengt, stört Sie das im Termin und Sie können nicht Ihr Bestes geben. Besser nach tragbaren Alternativen suchen.

Achten Sie gerade im Sommer auf die Materialien, die Sie wählen. Bei höheren Temperaturen neigen viele Menschen in Polyestermischungen & Co zu Gerüchen. Auf dunklen Hemd- und Blusenstoffen, insbesondere wenn sie aus Seide sind, sieht man schnell hässliche Schweißränder. Ein Anzug oder Kostüm aus reinem Leinen ist wunderschön, knittert aber grässlich. Nach einer längeren Anreise sehen Sie aus, als hätten Sie in Ihrem Anzug geschlafen.

Deshalb ist es sinnvoll, sich nicht erst am Vorabend – oder noch schlimmer – am Bewerbungstag selbst, durch seinen Kleider- und Schuhschrank zu probieren. Abzüglich dessen, was dann ungewaschen, ungeputzt oder ungebügelt ausscheidet, bleibt oft nur ein ziemlich kläglicher Kompromiss.

Abgucken sinnvoll

Falls Sie Gelegenheit haben, schauen Sie sich vorher mal an, wie sich das Unternehmen und seine Mitarbeiter nach außen präsentieren. Ausschlaggebend ist dabei nicht, wie sie auf dem Firmengelände herumlaufen, sondern wie sie sich auf Messen und in Broschüren ihren Kunden und Investoren präsentieren. Das ist ein guter Maßstab für Ihre Kleiderwahl.

> **!** Im Zweifelsfall lieber immer ein bisschen overdressed kleiden als underdressed.

- Bewerben Sie sich auf eine „Bürostelle“, sind Sie mit einem klassischen Anzug, Hemd, Krawatte immer gut bedient. Bei den Frauen ist analog ein Businesskostüm (= mit Rock) mit Bluse oder ebenfalls ein Anzug (wirkt etwas selbstbewusster und energischer als ein Kostüm) eine gute Wahl. Bevorzugt in gedeckten Farben wie blau, schwarz, anthrazit oder grau. Mit diesen Farben lässt sich auch später im Job am Besten kombinieren.
- Lassen Sie sich nicht von salopperen Branchen wie etwa der Werbung oder den Medien täuschen. Auch in Kreativbranchen geht es bei der Bewerbung deutlich konservativer zu, als viele erwarten. Hier bekommen Sie den unkonventionelleren Dreh über eine kräftigere Farbe bei Hemd oder Krawatte hin, oder Sie arbeiten mit Tüchern und Schals oder tauschen die Bluse gegen ein hochwertiges (!) T-Shirt.

- Wenn Sie sich auf „hemdsärmeligere“ Stellen wie etwa als Handwerker oder Arbeiter bewerben, kann das Outfit etwas weniger förmlich ausfallen, aber eine hochwertige Jeans, eine Bundfalten- oder Cordhose und ein Hemd oder T-Shirt mit einem guten Sakko sollte es auch da sein.
- Entscheidend für einen guten Gesamteindruck sind immer die Qualität und der perfekte Sitz der einzelnen Teile. Einem Damenkostüm von H&M oder einem Anzug von C&A sieht man seinen günstigen Preis oft an.
- Speckige Hemdkragen, abgestoßene Anzugkanten oder zerschlissene Hosensäume gehen natürlich gar nicht.
- Ein überzeugendes Outfit steht und fällt mit den Schuhen. Die Herren sind mit klassischen schwarzen Lederschuhen immer gut angezogen, hochwertige (!) Sneakers gehen allerhöchstens in Kreativbranchen zum Anzug. Für die Damen sind Sneakers nicht empfehlenswert, ebenso wie High Heels. Unter allzu hohen Absätzen leidet Ihre Reputation und Kompetenz. Besser: Klassische Pumps oder flache Lederschuhe. Auch fürs Schuhwerk gilt: Gut gepflegt, frisch geputzt, und ohne schiefgelaufene Absätze.
- Mäßigen Sie sich: Eine dicke Rolex oder auffallend wertvolle Manschettenknöpfe stehen einem Bewerber um eine Führungsposition besser zu Gesicht als einem Hochschulabsolventen bei einer Einstiegsposition. Sie sollten nicht um Welten besser gekleidet sein als Ihr Gesprächspartner.
- Piercings und Tattoos sollten Sie so gut es geht von der Bildfläche verschwinden lassen. Make-up darf gerne Ih-

ren Typ unterstreichen, aber bitte nicht zu viel und zu grell. Das wirkt billig und kratzt an Ihrer fachlichen Reputation.

! Egal, ob hübsch oder hässlich: Kleidung und Accessoires, die aus dem üblichen Rahmen fallen, lenken von Ihnen als Person und von dem, was Sie zu sagen haben, ab. Dieses Risiko sollten Sie nicht eingehen.

- Sparen Sie sich deshalb besser überdimensionierte Ketten, auffällig gemusterte Krawatten, übergroße Ohrringe, grellroten Lippenstift, ausgefallene Bartkunstwerke et cetera.
- Auch bei Mantel, Schal, Akten- und Handtaschen, Notizblöcken und Stiften sollten Sie auf Stil und Qualität achten. Ein piekfeiner Nadelstreifenanzug und ein quietschbunter Werbekuli ergeben zusammen ein drolliges Bild.
- Wählen Sie zum Mitschreiben lieber einen kleinen, maximal A5 großen Block und einen Stift mit dünnem Strich. Dann fällt es dem Gegenüber schwerer, in Ihre Aufzeichnungen zu spicken. Notieren Sie im Gespräch nur einzelne Stichworte, keine ganzen Referate.

Auf den Punkt gebracht

So überzeugen Sie optisch :

- Ihre Kleidung und Ihre Accessoires sollen Ihre Persönlichkeit unterstreichen, nicht von ihr ablenken.
- Mit Anzug, Hemd, Krawatte – in guter Qualität, mit perfektem Sitz, in gedeckten Farben und klassischen Schnitten – liegen Sie fast immer richtig. Frauen greifen zu Anzug oder Kostüm mit Bluse oder T-Shirt.

Wo, bitte, geht's hier zum Gespräch?

Ein beeindruckender Auftritt

Lieschen Müller hat es sich in der Sitzgruppe am Empfang der Schneeberger GmbH bequem gemacht. Sie atmet noch ein bisschen schwer. Es war dann doch nicht so leicht, den Eingang zu diesem Seitengebäude zu finden. Aber drei Minuten zu spät, was soll's? Lieschen nutzt die Zeit, bis sie abgeholt wird, um den feuerroten Lippenstift aufzufrischen, den Stadtplan zusammenzufalten und eine SMS an ihre Freundin Gerda zu tippen. „Bin jetzt drin und warte auf die Personalernase. Bin sowas von aufgeregt." Sie hat noch nicht auf Absenden gedrückt, da steht Werner Sparbier, Personalleiter der Schneeberger GmbH, vor ihr. „Äh, einen Moment bitte", murmelt Lieschen verlegen und rafft ihre Utensilien zusammen. Im zweiten Anlauf gelingt es ihr, sich aus dem tiefen Designer-Sitzmöbel zu schälen. Auf dem glatten Parkett schlittert sie dem Personaler auf ihren Stöckelschuhen fast in die Arme.

Wer annimmt, zu einem Vorstellungsgespräch reise man mal eben so mit links an, hat offensichtlich noch nie mit Berufsverkehr, Lokschaden oder einem „delayed" am Flughafen zu kämpfen gehabt. Da artet dann das „mal eben so" ganz schnell in puren Stress aus.

! Wer auf den letzten Drücker anreist, ist oft nicht nur ein bisschen derangiert und verschwitzt, sondern vor allem nicht auf den Punkt konzentriert.

Ich wünsch mir eine gute Reise

Was Sie im Vorhinein tun können, damit Sie nicht schon die Anreise fertig macht:

- Recherchieren Sie für Ihre Anfahrt das für Sie bequemste und erholsamste, nicht das schnellste oder billigste Verkehrsmittel für die anstehende Strecke. Mit dem eigenen Wagen fahren ist gut und schön, strengt aber auch enorm an.
- Organisieren Sie sich über Routenplaner oder die Firmenwebseite eine Anfahrtsbeschreibung und eine Übersichtskarte der Umgebung. Haben Sie bei der Fahrtzeit ein Auge auf Berufs- und Urlaubsverkehr oder Baustellen.
- Planen Sie einen Puffer von mindestens einer Stunde ein, besser sogar mehr. Achtung: Die bei Zugrecherchen oft angebotenen Umsteigezeiten sind erfahrungsgemäß arg knapp bemessen, Anschlusszüge lieber „per Hand" raussuchen.

- Wenn Sie können, fahren Sie den Weg vorher schon mal ab, halten Ausschau nach Parkmöglichkeiten und eruieren, wie weit die Wege bis zu Ihrem Ziel sind. Manche Firmengelände sind weitläufig und unübersichtlich. Das kostet Zeit.
- Legen Sie sich alle relevanten Daten griffbereit zurecht: Namen und Telefonnummern aller Beteiligten, Firmenanschrift, Örtlichkeit, an der das Gespräch stattfinden soll, etc. Für langes Suchen haben Sie später kaum Zeit.
- Packen Sie die Stellenanzeige, Ihre bisherige Korrespondenz mit der Firma, einen kompletten Satz Ihrer Bewerbungsunterlagen sowie Arbeitsproben, falls die für die Stelle relevant sind, ein.
- Falls Sie sich fürs Auto entscheiden, räumen Sie es vorher auf. Waschstraße kann auch nicht schaden. Nur für den Fall, dass Ihr künftiger Chef Sie zum Auto geleiten will.
- Ein Auto ist immer auch ein Statement. Überlegen Sie, was Ihr Auto über Sie aussagt. Ob Opel oder VW ist nicht das Thema, aber wer zum Berufseinstieg einem superchicen Sportwagen oder als alter Hase einer verbeulten Möhre entsteigt, setzt Signale, die vielleicht so nicht gewollt sind.

Gut ankommen

Nutzen Sie die Anreisezeit, um das bevorstehende Gespräch noch einmal gedanklich durchzuspielen. Murmeln Sie sich im Auto oder Zug ruhig Ihre Selbstdarstellung vor. Dann liegen Ihnen die Argumente und Formulierungen später näher auf der Zunge. Achtung: Bauen Sie nichts mehr um, legen Sie sich keine neuen Aspekte zurecht. Die lernen Sie jetzt nicht mehr.

- Sobald absehbar ist, dass Sie es unmöglich pünktlich zum Termin schaffen können, sagen Sie schnellstens Bescheid. Zu spät kommen kostet Sie nicht gleich die Stelle, zu spät oder gar nicht Bescheid geben aber möglicherweise schon.
- Wenn Sie sich zum Zeit überbrücken und zum nochmaligen Durchgehen der Notizen ein nettes Café vor Ort suchen, achten Sie drauf: Rauchfrei muss es sein. Und gönnen Sie sich lieber fleckungefährliche Getränke und Speisen.
- Zehn bis fünfzehn Minuten vor Ihrem Gesprächstermin können Sie beim Pförtner oder im Sekretariat einlaufen. Deutlich früher ist unhöflich und ungemütlich, weil man sich um Sie kümmern und irgendwo zwischenparken muss. Bei weniger als zehn Minuten könnte es eng werden, wenn weite Wege zu gehen sind.

Punktlandung in der Höhle des Löwen – Und was nun?

Nachdem man Sie in Empfang genommen hat – Sie waren hoffentlich bis dahin zu allen (!) aufmerksam und ausnehmend freundlich – werden Sie in einen Besprechungsraum geführt. Eigentlich gilt es hier, sich ganz natürlich und authentisch zu geben. Aber wer kann das schon, wenn das Herz bis zum Hals schlägt? Deshalb:

- Ja, Sie können die angebotenen Getränke gerne annehmen – Sie können aber auch dankend ablehnen, wenn Ihnen danach ist. Dem Personaler ist das schnurz. Lippenstiftträgerinnen sollten darauf achten, nicht zu heftige Ränder auf Tassen und Gläsern zu hinterlassen. Das wirkt schnell unappetitlich.
- Ja, nutzen Sie die Gelegenheit zum Warm up und machen Sie mit beim angebotenen Small Talk. Das lockert die Zunge für später. Reden Sie über die Erlebnisse bei Ihrer Anreise, das Wetter, die schöne Gegend etc. Sie können Privates thematisieren – zum Beispiel den letzten Skiurlaub ganz in der Nähe –, aber ohne zu privat zu werden.
- Nein, stürzen Sie sich nicht auf den erstbesten freien Stuhl. Warten Sie, bis man Ihnen einen Platz angeboten hat oder Sie auffordert zu wählen.
- Nein, verstreuen Sie nicht gleich Ihren gesamten Schreibkram auf dem Tisch. Sie dürfen selbstverständlich Ihre Notizen benutzen, sollten sich aber höflicherweise das Okay des Gesprächspartners einholen – und erst dann auspacken.
- Nein, werfen Sie nicht gleich das Jackett über die Stuhllehne und geben sich leger. Und sei die Stimmung noch so salopp. Die anderen dürfen so sein, Sie sind der Bewerber.

Und was ist mit den Kosten?

Lädt ein Unternehmen mündlich oder schriftlich zum Vorstellungsgespräch ein, so ist es nach § 670 BGB grundsätzlich verpflichtet, dem Bewerber die Fahrtkosten zu erstatten, egal, ob tatsächlich später ein Job draus wird oder nicht. Um diese Erstattung kommt die Firma nur herum, wenn sie die Übernahme im Vorfeld ausdrücklich ausschließt oder begrenzt, beispielsweise auf ein Zugticket 2. Klasse. Aber auch, wenn sich das Unternehmen willig zeigt, die Kosten zu übernehmen, sollte ein Bewerber den Bogen nicht überspannen. Bahnfahrten 1. Klasse könnten Personaler ebenso irritieren wie der Versuch, sich bei langen Anfahrten über die 30-Cent-pro-Kilometer-Pauschale zu sanieren. Wenn partout größere Kosten anzufallen drohen, beispielsweise, weil eine Übernachtung nötig wird oder Flüge, sollte man diese nur nach vorheriger Rücksprache mit der Firma buchen. Bewerber, die auf ihren Reisekosten sitzen blieben, weil die Firma die Übernahme ausgeschlossen hat oder sich nachträglich weigert – so etwas kommt auch schon mal vor –, können ihre Ausgaben immerhin von der Steuer absetzen.

! Das Einreichen der Reisekosten ist eine gute Gelegenheit, sich im Anschluss an das Gespräch in Erinnerung zu bringen. Verpackt in ein nettes Dankesschreiben können Sie hier Ihre Belege loswerden und gleichzeitig noch mal betonen, wie gut Ihnen der Termin gefallen hat und wie gerne Sie dort anfangen würden.

Wenn sich ein Unternehmen nachträglich querstellt, muss der Bewerber abwägen: Mit Nachdruck – und zur Not mit Mahnung & Co – darauf bestehen oder auf das Jobangebot hoffen.

Auf den Punkt gebracht

So kommen Sie gut zum und in den Termin:

- Oberstes Ziel: „Pünktlich sein und Stress vermeiden."
- Planen Sie Ihre Anreise sehr genau, kalkulieren Sie die Fahrzeiten großzügig, ebenso die Umsteigezeiten. Eine Stunde Puffer zum Termin ist absolutes Minimum.
- Organisieren Sie Anfahrtsbeschreibungen und Karten. Halten Sie alle Reise- und Kontaktdaten parat.
- Machen Sie sich mit der Anfahrt vertraut. Ideal: Vorher vorbeifahren. Kleingeld fürs Parken nicht vergessen.
- Zehn bis fünfzehn Minuten vor dem Termin melden Sie sich am Empfang an. Früher ist aufdringlich, später zu knapp.

Die Protagonisten im Spiel

Viele Namen, viele Posten

Lieschen Müller streckt dem dritten Mann in der Runde, einem älteren Herrn mit weißen Haaren und gütiger Miene, selbstbewusst die Hand zum Gruß entgegen. „Sehr erfreut, Herr … Entschuldigung, wie war noch gleich Ihr Name?" „Ich bin Anton Schneeberger." „Ach, Schneeberger! Das ist ja ein Zufall, dass Sie so heißen wie das Unternehmen" entfährt es Lieschen. „Nun ja, nicht direkt Zufall, ich habe die Firma gegründet." Upps. Jetzt bloß irgendwie die Kurve kriegen. „Ach, das freut mich aber, dass Sie sich die Zeit nehmen, um mich kennenzulernen. Ich hatte noch nie das Vergnügen mit einem echten Firmenchef. Verdammt viel Verantwortung, die Sie da haben. Ich meine, Verantwortung ist toll. Jeder hat gerne Verantwortung. Aber ich meine … gleich so viel davon. Finde ich toll …"

Im Laufe Ihrer Termine werden Sie auf Personen aus den unterschiedlichsten Abteilungen und Positionen treffen. Angefangen vielleicht vom Headhunter oder Personalberater, der Sie sichtet, bevor er Sie an die Personalabteilung weiterempfiehlt, dann die Mitarbeiter der Personalabteilung selbst, Fachvorgesetzte, künftige Kollegen oder den Unternehmenschef.

> Versuchen Sie, sich die Denke und Zielsetzung jedes Einzelnen vorzustellen. Wenn es Ihnen gelingt, sich bei Ihrer Argumentation auf die jeweilige Person einzustellen, können Sie fleißig Punkte sammeln.

Im Grunde ist es nicht anders als in einer Partnerschaft oder früher mit den Eltern: Will man ein bestimmtes Ziel erreichen, zum Beispiel nach Mallorca in den Urlaub fahren, packt man sein Anliegen in solche Worte und Argumente, die der andere gut verstehen und mit denen er sich anfreunden kann. Dann wird beim einen eben mal markig das Sportpotenzial der Insel betont, beim anderen schwärmerisch das Shoppingangebot oder mit intellektuellem Unterton das Kulturprogramm.

Aber zurück zu Ihrem Vorstellungsgespräch:

- Prägen Sie sich die Namen und Funktionen der involvierten Personen ein und sprechen Sie sie gelegentlich mit Namen an. Das ist höflich und aufmerksam. Jeder wird gern persönlich angesprochen. Aber bitte nicht übertreiben!
- Haben Sie mehrere Gesprächspartner auf einmal, versuchen Sie, alle mit einzubeziehen. Unglücklich wäre es, sich auf einen zu fokussieren, der womöglich am meisten fragt, und die anderen zu Statisten zu degradieren.

Der Zerberus aus der Personalabteilung

Die Rekrutierer aus der Personalabteilung sind die Profis im Spiel. Sie fühlen täglich Bewerbern auf den Zahn und sehen deshalb mehr als andere. In großen Unternehmen sind die Personaler hauptberufliche Personaler, in kleineren Firmen betreut oft der Unternehmenschef oder der Geschäftsführer die Personalthemen mit. Die Mitarbeiter aus der Abteilung Human Ressources sind in der Regel die ersten, auf die Sie in Ihren Gesprächen treffen. In kleineren und mittleren Unternehmen sind zwar schon mal die Fachverantwortlichen beim ersten Gespräch mit dabei. Je größer die Firma, desto unwahrscheinlicher ist das aber. Der Personaler benötigt ein sehr umfassendes Bild von Ihnen, weil er Sie später an die anderen Beteiligten im Auswahlprozess weiterempfiehlt. Der Personaler checkt, ob Sie vom Fachlichen und vor allem von Ihrer Persönlichkeit her zum Unternehmen und zur Stelle passen. Helfen Sie ihm einfach so gut es geht, sich ein rundes Bild von Ihnen zu machen. Und das geht am Besten so:

- Erzählen Sie (aber ohne dabei ins Schwafeln zu geraten). Ersparen Sie es Ihrem Gegenüber, ständig nachbohren zu müssen.
- Abstrakte Formulierungen helfen dem Personaler bei der Einschätzung nicht weiter. Er braucht Belege, Beispiele, um Ihren Worten Glauben schenken zu können. Anstatt bloß zu sagen „Ich bin engagiert, fleißig, teamfähig, gut organisiert, ...", liefern Sie immer konkrete Beispiele, Projekte und Situationen mit, die beweisen, dass dem tatsächlich so ist.

- Personaler wollen Sie zwar als Ganzes begutachten, haben aber besonders Ihre Persönlichkeit, Ihre Soft Skills auf dem Schirm. Beschränken Sie sich also keinesfalls auf die Darstellung Ihrer Fachkenntnisse (beliebter Fehler bei Ingenieuren und Naturwissenschaftlern).
- Personaler arbeiten sich in der Regel an einem strukturierten Fragenkatalog entlang, der für alle Bewerber gleich ist. Das mündet später in einer Art Benotung und erleichtert den Vergleich. Antworten Sie deshalb präzise auf die Fragen, weichen Sie nicht aus, schweifen Sie nicht ab.

Der Mann vom Fach

Für den Kollegen aus der Fachabteilung zählt vor allem, ob Sie fachlich ins Team passen. Stellen Sie Ihre Argumentation darauf ein:

- Sprechen Sie die gleiche Sprache wie er, streuen Sie Schlüsselbegriffe aus dem Aufgabengebiet ein. Aber Achtung: Vor Ihnen sitzt ein Fachmann. Kriegt er spitz, dass Sie nur Name-dropping betreiben, ansonsten aber keine Ahnung haben, schießen Sie ein Eigentor.
- Interessieren Sie sich. Lassen Sie sich erklären. Und: Ziehen Sie Parallelen zu eigenen Projekten, Praktika, Studienarbeiten etc. Geben Sie Beispiele. Anders als der Personaler, der nicht so tief in Ihm Thema steckt, haben Sie hier einen Gesprächspartner, mit dem Sie fachsimpeln können.

Der Macher vom Dienst

In kleinen und mittleren Unternehmen wird früher oder später der Unternehmensgründer oder Geschäftsführer zu Ihnen stoßen. Besonders, wenn es um Führungspositionen geht.

- Unternehmenslenker denken unternehmerischer und fahren auf Eigenschaften wie Engagement, Mitdenken, Zupacken, außerordentliche Einsatzbereitschaft und Durchhaltevermögen ab. Wählen Sie Ihre Beispiele und Worte entsprechend.
- Sie interessieren sich weniger für Details und die verschlungenen Pfade, die Sie auf Ihrem Weg zum Ziel bewältigen mussten. Sie sind ergebnisorientiert und begeistern sich für Ergebnisse und Erfolge. Also: Wie viele Sponsoren konnten Sie für Ihre studentische Unternehmensberatung gewinnen? Welches Potenzial birgt Ihre Studienarbeit?

Auf den Punkt gebracht

Verpacken Sie Ihre Vorzüge für jeden Gesprächspartner in die Sprache, die er am Besten versteht.

- Personaler schauen zwar auch aufs Fachliche, checken aber hauptsächlich Persönlichkeit und Soft Skills.
- Dem Mann aus der Fachabteilung liefern Sie Ihr Fachwissen bis zum Abwinken.
- Der Unternehmenschef will engagierte, erfolgreiche Mitarbeiter. Wuchern Sie mit Ergebnissen.

Das Gespräch ist eröffnet

Personaler führen – im Gegensatz zu Ihnen – tagtäglich Vorstellungsgespräche. Sie bekommen es also mit Vollprofis zu tun, die mit allen Wassern gewaschen sind. Und das müssen sie auch sein: Schließlich haben sie die schwierige Aufgabe, aus einem dicken Stapel Bewerbungen die Nadel im Heuhaufen – den fachlich und persönlich am besten geeigneten Kandidaten – herauszufischen. Als Hilfsmittel haben sie nicht mehr als Anschreiben, Lebenslauf und das Vorstellungsgespräch. Behalten Sie diese Tatsache während Ihres ganzen Termins im Hinterkopf.

Zeigen Sie aktiv, dass Sie der oder die Richtige für den Job sind. Verlangen Sie nicht, dass der Personaler Ihre Kompetenz in Ihrem tiefgründigen Blick erahnt und Schlussfolgerungen über Ihre Genialität aus Ihren einsilbigen Antworten zieht.

Zum Glück für Sie greifen aber auch die Profis gern auf Altbewährtes zurück und denken sich nicht ständig neue Fragen aus. Es gibt ein bestimmtes Repertoire für Vorstellungsgespräche, aus dem die Interviewer nach Lust und Laune schöpfen. Daher können Sie sich auf viele Fragen prima vorbereiten. Die Klassiker möchten wir Ihnen in diesem Kapitel vorstellen.

Schema F in Variationen

Beim Ablauf des Vorstellungsgesprächs werden Sie keine großen Überraschungen erleben. Die Phasen sind stets gleich, ihre Reihenfolge kann allerdings leicht variieren. Klassischerweise läuft Ihr Termin so ab:

- Begrüßung und Warm-up
- Der Arbeitgeber stellt sich vor
- Der Bewerber stellt sich vor
- Vertiefung, Beantwortung von Fragen
- Arbeitskonditionen
- Fragen des Bewerbers
- Abschluss des Gesprächs und Verabschiedung

Begrüßung und Warm-up

Shake Hands mit Dieselaroma

„Schön, dass Sie sich Zeit für uns genommen haben. Sind Sie mit dem Auto hergekommen, Frau Müller?" sagt Personalleiter Sparbier mit einem kritischen Blick auf Lieschens Highheels. „Ja. Stellen Sie sich vor, unterwegs ist mir noch der Sprit ausgegangen. An der Tankstelle war es so voll, als gäbe es Freibier. Und dann waren auch noch alle Ampeln rot. Ich dachte, ich krieg einen Rappel. Ein Wunder, dass ich überhaupt pünktlich bin. Hoffentlich stinken meine Hände nicht mehr nach Diesel", plaudert Lieschen munter und reicht dem Personaler gedankenverloren die Hand, während sie mit der anderen in der Manteltasche nach dem Aus-Knopf des Handys tastet und sich umblickt, ob sie auch alle ihre Siebensachen eingesammelt hat.

Auch wenn es jetzt banal klingt, sagen wir es lieber einmal zu oft als einmal zu wenig: Begrüßen Sie Ihren Gesprächspartner mit Namen, geben Sie ihm die Hand und schauen Sie ihm freundlich in die Augen. Verwandeln Sie Ihre Hand dabei weder in einen Schraubstock noch in einen toten Fisch. Das Handy ist aus, das Kaugummi ordnungsgemäß entsorgt. Natürlich ist das alles selbstverständlich, aber allein von den ersten Minuten eines Vorstellungsgesprächs erzählen die Profis die abenteuerlichsten Geschichten. Nichts, was es nicht gegeben hätte. Dabei ist der erste Eindruck entscheidend für den weiteren Verlauf des Gesprächs. Hier können Sie, bevor Sie überhaupt sitzen, wertvolle Sympathiepunkte sammeln. Der Personaler bekommt eine Vorstellung davon, welche Kinderstube Sie genossen haben, ob Ihre Umgangsformen einwandfrei sind und zur angestrebten Position passen.

Zunächst wird der Personaler Sie fragen, ob Sie gut hergefunden haben. Vielleicht verliert er ein paar Worte über das Wetter. Er will mit ein wenig Small Talk das Eis brechen und eine angenehme Atmosphäre schaffen. Sie sollen sich so wohl wie möglich fühlen, soweit das in dieser Situation eben möglich ist. Von einem entspannten Kandidaten erhofft sich der Personaler mehr Informationen, als wenn ihm die ganze Zeit ein verschrecktes Huhn gegenübersitzt. Also machen Sie gut gelaunt mit, schildern Sie Ihre Anfahrt nicht als Drama, wie Lieschen es gemacht hat, und halten Sie keinen Vortrag über die Wetterlage. Entpuppen Sie sich weder als Nörgler noch als Quasselstrippe, aber sagen Sie bitte auch etwas mehr als „Ja" oder „Nein". Vermutlich wird Ihnen der Personaler nun mitteilen, wie das Gespräch ablaufen und in welcher Reihenfolge er die Phasen des

Bewerbungsgesprächs sortieren wird. Wir gehen jetzt hier einmal davon aus, dass er selbst mit der Präsentation des Unternehmens beginnt, damit Sie noch einen Moment durchschnaufen können.

Auf den Punkt gebracht

- In der Begrüßungsphase beschnuppern sich Arbeitgeber und Bewerber. Mit dem Austausch von Höflichkeiten bezeugen die Gesprächspartner gegenseitiges Wohlwollen und schaffen eine gute Atmosphäre.
- Small Talk bleibt an der Oberfläche. Also: Sie kamen mit der Parkplatzsituation und der Anfahrtsskizze zurecht. Und auch das Wetter verursacht Ihnen keine Kopfschmerzen. Unternehmen suchen in der Regel Problemlöser, keine Jammerlappen.
- Trotz aller Leichtigkeit kann sich ein Bewerber auch hier schon Sympathien verspielen. Schlechte Umgangsformen werden genau registriert.

Der Arbeitgeber stellt sich vor

Durchschnaufen heißt nicht abschalten. Egal, ob Ihnen der Personaler bereits an dieser Stelle oder erst später etwas über das Unternehmen, seine Geschichte, die Produkte und über die ausgeschriebene Stelle erzählt: Lassen Sie sich nicht berieseln, sondern hören Sie aufmerksam – das heißt aktiv! – zu. Vielleicht beantwortet der Personaler schon an dieser Stelle Fragen, die Sie sich für die letzte Fragerunde notiert haben. Es wäre doch peinlich, wenn Sie diese Fragen am Schluss noch einmal stellen. Wenn der Personaler etwas erzählt, was Sie bereits recherchiert haben, fallen Sie ihm nicht vorlaut ins Wort nach dem Motto „weiß ich, weiß ich", sondern nicken Sie wissend und stellen Sie weiterführende Fragen. Der Personaler wird erfreut registrieren, dass Sie bestens vorbereitet sind und Sie als interessanten Gesprächspartner einstufen. Und schon haben Sie sich erfolgreich eingeklinkt und den Monolog in einen Dialog verwandelt.

An der Qualität und Quantität der Informationen können Sie das Interesse an Ihrer Person und Ihren Stellenwert als Bewerber erkennen. Schildert der Personaler voller Begeisterung und en detail, befindet er sich in der Balzphase und brennt darauf, Sie an der Großartigkeit der Firma teilhaben zu lassen – ein gutes Zeichen. Hat der Personaler Sie bereits im Geiste abgehakt, wird die Selbstpräsentation des Arbeitgebers kurz ausfallen.

Auf den Punkt gebracht

Der Personaler macht hier Werbung für das Unternehmen – er be-wirbt sich bei Ihnen. Sie bekommen wertvolle Informationen für Ihre Kompetenzbilanz. Passt das Unternehmen auch zu Ihnen? Haben Sie sich das so vorgestellt? Möchten Sie in diesem Betrieb arbeiten?

Der Bewerber stellt sich vor

Ruhe sanft

„Frau Müller, uns würde natürlich interessieren, wer Sie so sind. Erzählen Sie doch mal ein bisschen was von sich." „Tja, also, ich weiß gar nicht, wo ich da anfangen soll", murmelt Lieschen Müller ein bisschen ratlos, setzt aber dann doch an: „Also ich bin Lieschen Müller, das wissen Sie ja schon, ich bin 27 Jahre alt und hier in Berlin geboren. Zur Grundschule bin ich im Fürstenfeld gegangen und später aufs Sophien-Gymnasium ...". ‚Na, das kann ja noch dauern', denkt Personalleiter Sparbier und lehnt sich mit verschränkten Armen im Stuhl zurück. Und er behält Recht: Viereinhalb Minuten braucht Lieschen, um beim Diplom anzukommen. Bleiben 30 Sekunden für jobrelevante Kenntnisse und Fähigkeiten.

Machen Sie es besser als Lieschen und spannen Sie den Personaler nicht so lange auf die Folter, bis Sie zu den interessanten Punkten kommen.

Zugegeben, die Einleitung der nun folgenden Phase, die ganz Ihnen gehört, verführt tatsächlich zum Plaudern:

- Erzählen Sie bitte etwas über sich. Wie verlief Ihr bisheriger Berufsweg?
- Welche Stationen in Ihrem Leben haben Sie besonders geprägt?
- Wir möchten Sie gerne kennenlernen. Was sind Sie für ein Mensch?

- Wie würde Ihr bester Freund / Ihr früherer Chef Sie beschreiben?

Doch Vorsicht: Die harmlos klingenden Fragen sind alles andere als eine Aufforderung zum lockeren Small Talk. Der Personaler erwartet, dass Sie sich auf diese Frage gut vorbereitet haben. Er hört mit geschultem Ohr zu und ist gespannt, wie Sie 30, 40 oder mehr Lebensjahre in einen Fünf-Minuten-Vortrag packen. Grundsätzlich gilt:

- Stellen Sie keine Gegenfragen wie „Wo soll ich denn da anfangen?" oder „Meinen Sie das fachlich oder persönlich?" Legen Sie souverän mit Ihrer Selbstpräsentation los.

- Fangen Sie nicht bei Adam und Eva und auch nicht bei Ihren Erfolgen im Häkelunterricht an. Der Personaler kennt Ihren Lebenslauf. Er hat ihn höchstwahrscheinlich vor sich liegen.

- Vor allem, wenn Ihr Lebenslauf ein kunterbuntes Potpourri aus verschiedensten Branchen und Jobs ist, haben Sie nun die Gelegenheit, den roten Faden in die Hand zu nehmen und dem Personaler zu erklären, wie alles zusammenhängt. Das könnte zum Beispiel so aussehen: „Der Umgang mit Menschen und die Möglichkeit, etwas zu bewegen, waren mir in meinen verschiedenen Positionen immer am wichtigsten. So habe ich ..."

- Bringen Sie die wesentlichen Stationen Ihres bisherigen beruflichen Werdegangs auf den Punkt und berichten Sie von Projekten und Erfolgen, die für den neuen Arbeitgeber interessant sind. Welche früheren Tätigkeiten, Kenntnisse und Erfahrungen sind für die neue Stelle nützlich? Hier liefern Sie dem Personaler Einstellungsargumente frei Haus.

- Erzählen Sie anschauliche Episoden aus Ihrem Berufsleben und belegen Sie Ihre Soft Skills mit Beispielen. Werfen Sie nicht mit Schlagwörtern und Floskeln um sich.

Diese Punkte sollten in Ihrer Selbstpräsentation aufgegriffen und eingeflochten sein:

- *Fähigkeiten, die für die Stelle verlangt werden*
- *Bisherige Erfolge aufgrund dieser Fähigkeiten*
- *Wie können die Fähigkeiten in der ausgeschriebenen Stelle umgesetzt werden?*

Welchen Nutzen bekommt der Arbeitgeber ausschließlich durch Sie?

Exkurs: Kleine Fragekunde, Teil 1

Geschlossene Fragen zielen auf ein „Ja" oder „Nein". Der Befragte wird zu einer Entscheidung gezwungen. Für den Personaler sind solche Fragen nicht besonders spannend, weil der Bewerber die Frage durch ein knappes Ja oder Nein einfach zurückspielen kann, anstatt nähere Informationen preiszugeben.

Beispiel: „Hatten Sie an Ihrem letzten Arbeitsplatz Stress mit Ihrem Vorgesetzten?" – Sagen Sie „Nein" und schon ist der Interviewer wieder dran.

Offene Fragen beginnen meist mit *Was*, *Warum* oder *Wie*. Der Bewerber muss bei der Antwort weiter ausholen. Der Vorteil: Auf diese Weise können Sie die Antwort in eine bestimmte Richtung lenken. Der Nachteil: Es besteht die Gefahr, dass Sie sich um Kopf und Kragen reden.

Beispiel: „Wie haben Sie Probleme mit Ihrem Vorgesetzten gelöst?" Selbst wenn Sie gar keine Probleme mit Ihrem Vorgesetzten hatten, besteht die Gefahr, dass Sie sich in Rechtfertigungen verstricken, wo es überhaupt nichts zu rechtfertigen gibt.

Die häufigsten Fehler bei der Selbstpräsentation

Die Selbstpräsentation bietet einem Bewerber ebenso viele Chancen wie Fallstricke. Personaler merken bereits in den ersten Sekunden, ob der Kandidat sich vorbereitet hat. An diesen Punkten hapert es oft:

- Nachfragen

  Der Personaler hat Ihnen mit der Aufforderung zur Selbstpräsentation die Bühne frei gemacht. Wenn Sie jetzt Fragen wie „Was genau wollen Sie denn hören?" stellen, haben Sie Ihre Chance verspielt. Sie haben nicht nur den Ernst der Lage verkannt, sondern sich auch als unvorbereitet entlarvt.

- Unsicherheit, zu wenig Augenkontakt

  Sie sollen Ihr Gegenüber nicht anstarren, aber freundlich in die Augen schauen. Er oder sie ist in jedem Fall interessanter als die Zimmerdecke oder Ihre Hände. Ohne Blickkontakt werden Sie schwer eine Beziehung aufbauen.

- Schlichte Nacherzählung des Lebenslaufs

  Das elfte Gebot lautet: Langweile niemals einen Personaler. Lesen kann er nämlich selber. In Ihrem Leben werden sich doch noch mehr Details finden lassen als die dürren Informationen auf zwei oder drei DIN-A4-Seiten.

- An Nebensächlichkeiten hängenbleiben

  Wenn Sie von Hölzchen auf Stöckchen kommen, ist das sicher eine interessante Assoziationskette. Dem Personaler zeigen Sie aber, dass Sie nicht in der Lage sind, sich auf das Wesentliche zu konzentrieren.

- Keinen Ehrgeiz zeigen

  Wenn Sie sich nicht mal bei Ihrer Selbstpräsentation ins Zeug legen, die Sie selbst in der Hand haben und bei der es um Ihre Zukunft geht, wie werden Sie sich dann erst für die Belange der Firma engagieren? Ein Mitarbeiter ohne Ehrgeiz ist für das Unternehmen wertlos.

Auf den Punkt gebracht

Die Selbstpräsentation ist Ihr kleines Kabinettstück. Sie überlassen nichts dem Zufall und ziehen so oft wie möglich Verbindungen zwischen Ihren Kenntnissen und Erfahrungen und den Anforderungen der ausgeschriebenen Stelle.

Fragen über Fragen

Viel heiße Luft

Personalleiter Werner Sparbier ist interessiert: „Frau Müller, Sie hatten eben kurz Ihr Praktikum in London während des Studiums erwähnt. Was haben Sie denn da genau gemacht?“ Lieschen Müller zögert. Sie hatte gehofft, dass nicht danach gefragt werden würde. Was hatte sie da gemacht? Nicht viel. Ablage, Post verteilen, Mailinglisten zusammenstellen ... Dass sie am Telefon Kundenanfragen – natürlich auf Englisch – entgegengenommen hat, und dabei serviceorientiertes Denken und Handeln gelernt hat, fällt ihr nicht ein.

Nun beginnt das eigentliche Interview. Der Personaler möchte Details zu Ihrer bisherigen Berufslaufbahn erfahren und Sie als Privatperson kennenlernen: Ihre Ziele, Visionen, Ihr soziales Umfeld. Immer vor dem Hintergrund, ob Sie Mr. oder Mrs. Right für die Stelle sind und zum Unternehmen passen. Jede Menge Ansätze für harmlose und weniger harmlose Fragen bietet Ihr Lebenslauf. Außerdem hat jeder Personaler eine ganze Palette voller Fragen im Ärmel, die sich in der Praxis bewährt haben, um Bewerbern effektiv auf den Zahn zu fühlen.

Exkurs: Rhetorik

Nur in den seltensten Fällen werden Sie im Vorstellungsgespräch Ihr rhetorisches Talent unter Beweis stellen müssen. Also sprechen Sie ganz einfach normal. Die Betonung liegt auf normal: also weder Gossensprache noch abgehoben. Sie müssen nicht druckreif reden, nur weil sie im Vorstellungsgespräch sitzen.

- *Verzichten Sie nach Möglichkeit auf Relativierungen wie „Ich glaube, dass meine Stärken ..." oder „Wahrscheinlich könnte ich diese Aufgabe gut erledigen" und natürlich komplett überflüssige Füllwörter wie „wohl", „eigentlich", „möglicherweise".*
- *Vermeiden Sie unpersönliche Formulierungen: „In meinem jetzigen Job ist es wichtig, sorgfältig zu arbeiten..." oder „Andere sagen, dass ich ganz gut ..." Wenn Sie über sich reden, dann stehen Sie auch dazu und sprechen Sie in der Ich-Form: „Ich tue, ich mache, ich arbeite ..."*

Nachhaken beim Lebenslauf

Was Sie in Ihren Bewerbungsunterlagen zu Papier gebracht haben, müssen Sie jetzt überzeugend und ausführlich begründen können. Die Fragen dazu könnten so aussehen:

- Was sind zurzeit Ihre konkreten Aufgaben?
- Bei Ihrem letzten Arbeitgeber haben Sie das Qualitätsmanagement reorganisiert. Wie sind Sie dabei vorgegangen?

- Sie gehen gerne in die Berge? Können Sie eine Tour empfehlen, die auch für Kinder geeignet ist?

Doch keine Angst: Auf viele Fragen können Sie sich sehr gut vorbereiten. Nehmen Sie einmal Ihren Lebenslauf zur Hand und versetzen Sie sich in die Rolle des Personalers. Sie bieten ihm auf zwei oder drei Seiten eine Steilvorlage nach der anderen für seine Fragen. Personaler sind qua Beruf neugierig. Besonders interessant ist beispielsweise immer, was andere Leute in ihrer Freizeit treiben. Hobbys sind individuell und verraten dem Personaler etwas über die Lebensweise des Bewerbers. Wenn Sie also als Hobby Alphorn blasen, Drachenboot fahren und Flamenco tanzen angegeben haben, können Sie davon ausgehen, dass Ihr Gegenüber neugierig wird und nachfragt, was es damit auf sich hat. Bei den beruflichen Stationen ist es nicht anders: Wenn Sie in Ihrem letzten Job eine Verdoppelung der Verkaufszahlen erzielt oder eine bahnbrechende Erfindung gemacht haben, wird Ihr Gesprächspartner ebenfalls Einzelheiten wissen wollen. „Nicht der Rede wert", ist eine Antwort, die Sie jetzt auf keinen Fall geben sollten. Aber Achtung: Keine Hobbys erfinden, nur weil sie gut klingen. Unsere Erfahrung zeigt: Über kurz oder lang fliegt so was immer auf. Und peinlich ist es auch noch dann, wenn es erst während der Probezeit rauskommt.

Kritische Punkte in der Vita

Sie müssen sich auch auf kritische Nachfragen gefasst machen:

- Warum haben Sie eigentlich erst ein Jahr nach Ihrem Studium angefangen zu arbeiten?
- Riskieren Sie mit dieser Stelle nicht einen Karriereknick?
- Kommen Sie überhaupt noch mit einem geregelten Arbeitstag zurecht?

Lücken, Brüche, Auszeiten. Mit geübtem Blick erkennt der Personaler sofort, wo etwas nicht stimmt. Besonders die Arbeitsmotivation von Langzeitarbeitslosen, Wiedereinsteigern, 40-plus-Bewerbern und Jobhoppern nehmen Personaler gern kritisch unter die Lupe.

Nutzen Sie Ihre Chance und legen Sie sich stimmige Antworten zurecht, wenn Sie zu einer dieser Gruppen gehören. Wenn ein Arbeitgeber weiß, dass Sie nach einem Jahr Arbeitslosigkeit vom Arbeitsamt geschickt wurden, müssen Sie erklären, warum Sie bisher noch keine andere Stelle angenommen haben. Gehen Sie nicht auf Unterstellungen und Vorurteile ein. Stellen Sie lieber Ihre Stärken und berufliche Erfolge der Vergangenheit heraus.

> Rücken Sie sich in ein gutes Licht, aber bleiben Sie authentisch. Spätestens im Berufsalltag bekommen Sie ein Problem, wenn Sie die Fassade, die Sie im Vorstellungsgespräch zur Schau gestellt haben, nicht mehr aufrechterhalten können.

Löchern nur in Grenzen erlaubt

Mit der Einladung zum Vorstellen erwirbt der Personaler keinen Gutschein, um Ihr Innerstes nach außen zu kehren. Er darf ausschließlich Fragen stellen, die mit Ihrer Qualifikation und dem Arbeitsplatz zu tun haben. Aber trotzdem will er so einiges von Ihnen wissen. Wir stellen Ihnen hier eine Palette von Fragen vor. Die werden Ihnen natürlich nicht alle gestellt, aber je genauer Sie wissen, was auf Sie zukommen kann, desto gelassener werden Sie in das Vorstellungsgespräch gehen.

!

Denken Sie immer daran, dass der Personaler eine Absicht verfolgt. Er interessiert sich für Sie und möchte Sie kennenlernen. Im Hinterkopf gleicht er jede Ihrer Antworten mit dem Unternehmen und der Stelle ab.

- *Passt der Bewerber zum Unternehmen?*
- *Passt der Bewerber zum Team?*
- *Ist er in der Lage, die Aufgabe zu erfüllen?*

Machen Sie es genauso. Nutzen Sie die Schnittmenge Ihrer Kompetenzbilanz und gleichen Sie jede Info, die Sie im Gespräch bekommen, mit Ihren eigenen Zielen ab.

- *Ist der erste Eindruck positiv?*
- *Kann ich mir vorstellen, in diesem Unternehmen zu arbeiten?*
- *Ist die Aufgabe so, wie ich sie mir vorgestellt habe?*

Erlaubte und nicht erlaubte Fragen

Die erlaubten Fragen beziehen sich auf Ihre Person, Ihre Kompetenz und die zu besetzende Stelle. Auf sonst nichts. Diese Fragen haben den Vorteil, dass Sie die Antwort gut vorbereiten können. Aber Sie müssen auch mit unerlaubten Fragen rechnen, selbst wenn Ihnen der Personaler so sympathisch ist, dass Sie am liebsten ein Bier mit ihm trinken gehen würden. Sie wissen ja bereits: Der Personaler muss seinen Job machen. Ihn interessiert bei den unerlaubten Fragen weniger, *was* Sie sagen, sondern vielmehr *wie* Sie es sagen. Bei den unzulässigen Fragen dürfen Sie im Übrigen lügen. Das hat das Bundesarbeitsgericht ausdrücklich erlaubt. Mehr dazu später.

Fragen zur Berufserfahrung

Auf dem Papier hat Ihre fachliche Kompetenz überzeugt, sonst hätte man Sie gar nicht eingeladen. Nun möchte der Personaler Ihre Qualifikation aber auch noch einmal aus Ihrem Munde hören. Tun Sie ihm den Gefallen und punkten Sie mit Projekten, Erfolgen und Fakten. So etwas könnte er fragen:

- Warum haben Sie diesen Beruf gewählt?
- Worauf legen Sie in Ihrem Beruf wert?
- Wie sah ein Arbeitstag in Ihrem bisherigen Job aus?
- Wofür waren Sie verantwortlich?
- Was beurteilen Sie an der letzten Stelle als positiv bzw. negativ?

Sind Sie fachlich auf der Höhe?

Eng verwandt mit der Frage zur Berufserfahrung ist die Frage nach der Fachkompetenz:

- Wie schätzen Sie die aktuelle Marktsituation ein?
- Welche Fachzeitschriften lesen Sie?
- Welche Kongresse und Seminare haben Sie in letzter Zeit besucht?
- Wie sieht es mit dem Thema Weiterbildung aus?
- Haben Sie bei Ihrer letzten Tätigkeit an Fortbildungen teilgenommen?
- Haben Sie aus eigener Initiative einen Englischkurs oder eine Computerschulung besucht? – An dieser Stelle können Sie geschickt die Frage einflechten, welche Fortbildungsmöglichkeiten der neue Arbeitgeber anbietet.

Heutzutage kann es sich niemand mehr erlauben, sich auf seinem Ausbildungszeugnis oder seinem Studium auszuruhen. Sie müssen unbedingt informiert sein, was in Ihrer Branche State of the Art ist. Riskieren Sie spätestens vor dem Vorstellungsgespräch einen Blick in die Fachzeitschriften, für den Fall, dass Ihr Gesprächspartner Sie auf einen Artikel oder auf aktuelle Entwicklungen anspricht. Sie müssen nicht zu jedem Details etwas sagen können oder alles beherrschen, aber Sie müssen zumindest wissen, worüber sich in der Branche oder in Ihrem Fachgebiet gerade unterhalten wird.

Exkurs: Kleine Fragekunde, Teil 2

Bei Bewertungs- und Einschätzungsfragen gibt es weder richtig noch falsch. Der Personaler will einfach wissen, was Sie über dieses oder jenes denken. Bei dieser Gelegenheit erfährt er natürlich viel über Ihr Weltbild, Ihre Allgemeinbildung und Ihre Redegewandtheit.

Beispiele: Haben wir die Finanzkrise überwunden? Haben Sie eine Lösung für den Hunger in der Welt? Wie gefällt Ihnen die Fernsehserie „Bauer sucht Frau"?

Bevor Sie die Weltwirtschaft neu definieren, geben Sie lieber zu, wenn Sie etwas nicht wissen oder mangels Informationen keine rechte Einschätzung haben. Möglicherweise erfindet der Personaler sogar extra etwas, um zu sehen, ob Sie Wissenslücken zugeben. Das Erkennen der eigenen Grenzen macht Sie im Zweifelsfall sympathischer, als wenn Sie dem Personaler erklären, wie die Welt funktioniert.

Exkurs: Kleine Fragekunde, Teil 3

Bei unlösbar erscheinenden Fragen erwartet niemand, dass Sie die richtige Antwort wissen. Den Personaler interessiert vielmehr, wie Sie mit Schwächen und Wissenslücken umgehen. Beispiele: Welchen Krieg beendete der Rastatter Frieden? Wie heißt der portugiesische Bildungsminister? Welche Komposition Mozarts verbirgt sich hinter KV 350?

Motivation und Motive für die Bewerbung

Sie haben gezielt diese Stelle aus dem Anzeigenteil in der Zeitung oder aus der Jobbörse im Internet ausgewählt. Was hat Sie angesprochen? Das Tätigkeitsprofil? Das Image des Arbeitgebers? Die Branche? Kommen Sie jetzt nicht mit „kurzer Arbeitsweg" oder „irgendwas muss ich ja arbeiten". Der Arbeitgeber möchte kein Notnagel sein. Daher möchte der Personaler wissen, wie ernst es Ihnen mit genau diesem Unternehmen ist:

- Warum haben Sie sich bei uns beworben?
- Was interessiert Sie an dieser Stelle?
- Wie sind Sie auf unser Unternehmen gekommen?

Ihn interessiert, aus welcher Position Sie sich bewerben. Ungekündigte Festanstellung, selbst gekündigt, fristlos gefeuert oder Wiedereinstieg nach Babypause? Sind Sie die richtige Person, um die Firma nach außen zu vertreten? Können Sie sich mit dem Image identifizieren? Passen Sie zur Unternehmenskultur?

Gründe für den Wechsel

Zum Thema Stellenwechsel sollten Sie gute Gründe angeben können:

- Warum möchten Sie Ihren Arbeitsplatz wechseln?
- Weshalb wollen Sie Ihre bisherige Tätigkeit aufgeben?
- Was hat Ihnen an Ihrer letzten Position gefallen und was nicht?
- Wie sind Sie bei Problemen mit Ihren Vorgesetzten umgegangen?
- Was glauben Sie, ist bei uns anders?

Den Personaler interessieren Ihre Motivation und Ihre Erwartungen an die neue Stelle. Er befürchtet, dass subjektive Gründe den Wechsel bedingen. Daher ist auch Ärger mit dem Chef der denkbar schlechteste Grund. Machen Sie an dieser und auch an keiner anderen Stelle im Vorstellungsgespräch den Fehler und ziehen Sie über Ihren alten Chef her, über das schlechte Betriebsklima, die mobbenden Kollegen und das ungenießbare Kantinenessen. Auch wenn Sie in allen Punkten Recht haben: Üble Nachrede macht Sie zu einem ewigen Opfer und unsympathischen Klatschmaul. Außerdem wird sich Ihr Gegenüber automatisch die Frage stellen, wie Sie sich wohl ihm gegenüber in einer ähnlichen Situation verhalten würden.

Erzählen Sie, dass Sie Ihren jetzigen Job gern machen, aber nun nach einer neuen Herausforderung suchen. Schildern Sie Ihre Tätigkeit positiv und stellen Sie heraus, was sich aus Ihrer Sicht durch den Stellenwechsel für Sie verbessern wird.

So könnten Sie einen Stellenwechsel begründen:

Ich möchte den Job wechseln, weil mich die Aufgabe als Gebietsleiter in Ihrem Unternehmen reizt. Ich werde bei Ihnen mehr Verantwortung und neue Aufgaben übernehmen. Zugleich profitieren Sie von meinen bisherigen Erfahrungen.

Wissen Sie eigentlich, wer wir sind?

Jetzt zeigt sich, wie gut Sie vorbereitet sind. Es kommt tatsächlich vor, dass Bewerber auf solche Fragen nichts zu sagen wissen. Denen ist dann natürlich auch nicht mehr zu helfen.

- Was wissen Sie über unser Unternehmen?
- Haben Sie sich mit unserer Unternehmenskultur / Vision / Philosophie vertraut gemacht?
- Kennen Sie unsere Produkte?
- Welches Auto / welche Backmischung / welcher Rentenfonds gefällt Ihnen besonders?
- Haben Sie noch Fragen zu unseren Broschüren oder unserer Webseite?
- Warum wollen Sie zu uns?

Wenn Sie aber im Internet recherchiert, Informationsmaterial aus dem Pressebüro angefordert und die Tagespresse verfolgt haben, dürfte an dieser Stelle nichts schief gehen. Aber treten Sie bei allem Mitteilungsdrang nicht als Naseweis auf. Bereiten Sie sich nicht nur auf Fragen vor, die unmittelbar mit Ihrem Arbeitsplatz zu tun haben, sondern auch mit der Branche und dem Umfeld. Versuchen Sie Ihr Wissen über die Firma durch kluge Antworten zu demonstrieren. Je mehr Sie über die Firma wissen, desto größer sind Ihre Aussichten auf Erfolg. Sie zeigen, dass Sie sich mit der Position beschäftigt haben und sich lebhaft vorstellen können, demnächst in dem Unternehmen zu arbeiten.

Vitamin B als Türöffner

Meistens ist es ein Pluspunkt, wenn der Bewerber einen Mitarbeiter des Unternehmens kennt:

- Haben Sie einen persönlichen Bezug zu unserem Unternehmen?
- Kennen Sie Mitarbeiter aus unserem Haus?
- Was haben die denn so über uns erzählt?

Aber Achtung: Plaudern Sie bitte keine Firmen-Interna aus, falls Sie welche erfahren haben. Und gehen Sie auch nicht ins Detail, welche lustigen Streiche Sie gemeinsam mit Ihrem „Kontaktmann" den Lehrern früher gespielt haben. Denn das kann an seiner Reputation in der Firma kratzen.

Der Klassiker: Stärken und Schwächen

- Die Stärken-/Schwächen-Fragen gehören zum Standardrepertoire und werden so gut wie in jedem Vorstellungsgespräch gestellt. Durch sie erfährt der Personaler, ob Sie sich realistisch einschätzen. Stellen Sie Ihr Licht unter den Scheffel oder leiden Sie an maßloser Selbstüberschätzung? Was sind Ihre Stärken?

- Was sind Ihre Schwächen?
- Was sind Sie für ein Mensch?

Ein Strategieberater benötigt für seinen Job andere Eigenschaften als ein Uhrmacher. Egal, welchen Beruf Sie haben: Überlegen Sie sich gleich für jedes Schlagwort ein Beispiel, damit Ihre Vorzüge nicht im luftleeren Raum verpuffen. Lapidare Standardfloskeln sind hier fehl am Platz. „Meine Stärke ist meine jahrelange Erfahrung in der Branche" oder „ich bin engagiert, motiviert und teamfähig" überzeugen nicht, denn das sagt jeder und bewiesen ist es längst nicht. Darum müssen Sie sich auf diese Fragen besonders gut vorbereiten. Nur wenigen Glückspilzen fällt aus dem Stegreif eine gescheite Antwort ein. Ein erfahrener Personaler durchschaut übrigens sofort, wenn Sie drei vermeintlich „brauchbare" Stärken und Schwächen einfach aus der Luft greifen. Schon allein das Belegen anhand von Beispielen dürfte mehr als holprig geraten. Beispiele für Stärken:

- Wunderbar, wenn Ihr Schweinsbraten zu Ihren ganz besonderen Stärken gehört. Den Erfolg der Firma wird er aber nicht vorantreiben. Wählen Sie nicht irgendwelche Stärken aus, sondern nur solche, die für die ausgeschriebene Position wichtig sind.
- Multitasking: Eine Aufgabe allein ist Ihnen viel zu langweilig. Sie sind ein Organisationstalent und kommen erst so richtig in Fahrt, wenn Sie gleichzeitig einen unzufriedenen Kunden am Telefon haben, der Chef seine Präsentation gelöscht hat und der Drucker Papierstau meldet.
- Empathie: Sie haben die Gabe, sich in andere Menschen hineinzuversetzen und sind offen für ihre Anliegen und

Probleme. Ihre Mitmenschen fragen Sie gerne um Rat und bitten Sie bei zwischenmenschlichen Problemen um Hilfe. Die perfekten Voraussetzungen für soziale Berufe.

- Komplexe Zusammenhänge einfach erklären: Diese Kunst wird in der komplizierten Welt von heute immer wichtiger. Für alle, die Kunden, Kollegen oder der Öffentlichkeit etwas vermitteln müssen, ist diese Eigenschaft Pflicht.
- Schnelle Auffassungsgabe: Ständig neue Aufgaben, Kollegen, Kunden oder Arbeitsbedingungen sind Ihr Ding. Sie arbeiten sich überall ruckzuck ein und haben die Lösung, bevor die anderen überhaupt das Problem erkannt haben. Wenn Sie beratend tätig sind, ist diese Stärke Gold wert.
- Zahlenverständnis: Exceltabellen und Zahlenkolonnen sind Ihr Lebenselixier. Sie lieben es, von früh bis spät mit Zahlen zu jonglieren und gehen nicht eher nach Hause, bis Sie den Buchungsfehler gefunden haben. Ideal für Controller.

Nun sind Sie dran. Welche Stärken sind in Ihrem Job gefragt?

> **!** Die wichtigsten Eigenschaften für den Job sind Ihre Stärken und sichern damit Ihren Erfolg im Vorstellungsgespräch.

Formulieren Sie Ihre Stärke als ganzen Satz. Das ist wirkungsvoller, als wenn Sie dem Personaler nur ein Schlagwort zuwerfen. Benennen Sie im zweiten Schritt eine konkrete Situation, in der diese Stärke zum Tragen kam: „Ich bin stressresistent. Das hat sich immer wieder auf Messen gezeigt, bei denen an unserem Stand den ganzen Tag Hochbetrieb herrschte."

So könnte eine Stärke formuliert werden:

„Ich begeistere mich für meine beruflichen Aufgaben und kann auch sehr gut meine Kollegen motivieren. Beim letzten Projekt, das ich geleitet habe, konnte ich das Team von der Bedeutung des Projekts für die Firma so erfolgreich überzeugen, dass die Kollegen von sich aus am Wochenende reingekommen sind. Dadurch konnten wir trotz knapper Zeitvorgaben termingerecht liefern.

Beispiele für Schwächen:

Zeigen Sie bei den Schwächen bitte immer etwas mehr Zurückhaltung. Die Schwäche „Ich esse meistens zu viel Schokolade" ist zwar weit verbreitet, hat im Vorstellungsgespräch aber nichts zu suchen. Bitte nichts Kalauerverdächtiges.

Kommen Sie auch nicht in Versuchung, dem Personaler eine differenzierte Seelenschau zu bieten. Sie sollten die Schwächen schon strategisch geschickt auswählen, beziehungsweise die kritischen Schwächen geschickt verheimlichen: Der Busfahrer, der mit der Pünktlichkeit zu kämpfen hat, der Controller, dem es schon mal an Geduld und Sorgfalt fehlt, und der Grafiker, der erst um Mitternacht nach dem dritten Glas Rotwein kreativ wird, werden die Dame am Empfang höchstwahrscheinlich nicht mehr wiedersehen. Berufskompatiblere Schwächen wären:

- Weiterbildung: Sie steckten im letzten Job so sehr im stressigen Tagesgeschäft, dass Sie den längst geplanten Englischkurs noch immer nicht in Angriff nehmen konnten. Das soll sich künftig ändern. Anschließend ein geschickter Schlenker zur Frage nach dem Weiterbildungsprogramm des neuen Arbeitgebers.
- Nicht delegieren können: Sie wollen alles allein machen und sitzen deshalb bis 22 Uhr im Büro. Da Sie ein Perfektionist sind, glauben Sie, allein schneller und besser zu sein. Aber natürlich wissen Sie, dass die Kollegen viele Aufgaben genauso gut erledigen können und Verantwortung die Mitarbeiter motiviert.
- Ungeduld: Sie sind schnell, andere sind langsam. Das ist für Sie eine bittere Erfahrung. Sie arbeiten aber längst an dem Problem und erkundigen sich bei Ihren bedächtigeren Zeitgenossen, wie Sie sie unterstützen können.
- Bescheidenheit: Sie leisten viel, ziehen die Fäden im Hintergrund und andere bekommen das Lob. Sehr ehrenwert, aber nicht unbedingt die Karriere fördernd. Da Sie wissen, was Sie können, wollen Sie künftig auch dazu stehen.
- Angst vor Risiko: Sie mögen keine Schnellschüsse und überschlafen gewichtige Entscheidungen lieber noch einmal. Ihre Kollegen werfen Ihnen deswegen Unentschlossenheit vor. Das ist Ihnen aber egal, der Erfolg Ihrer wohlüberlegten Entscheidungen gibt Ihnen recht.

Sie durchschauen den Trick? Genau: Alle diese Schwächen gefährden nicht die Ausübung Ihres Jobs. Wie bei den Stärken gilt auch bei den Schwächen: Versuchen Sie trotz aller strategischer Überlegung authentisch zu bleiben.

Denken Sie dran: Auch Personaler lesen Bewerbungsratgeber und kennen die Standardschwächen. Um nicht zu langweilen – und unglaubwürdig zu werden – leiten Sie sich besser Ihre eigenen Stärken und Schwächen ab.

Relativieren Sie die Pseudoschwächen durch „manchmal", „gelegentlich" oder „es kommt vor". Beweisen Sie außerdem, dass Sie an der Behebung bereits arbeiten. Sagen Sie nicht einfach „Ich arbeite dran", sondern geben Sie Beispiele, was Sie genau dagegen tun. Es ist aber auch legitim, einfach zu seiner vermeintlichen Schwäche zu stehen.

Wenn Sie nach drei Schwächen gefragt werden, nennen Sie erstmal eine und warten dann ab. Meistens ist der Personaler dann schon zufrieden und geht zur nächsten Frage über.

So werden aus Schwächen Stärken

Die eine oder andere Schwäche ist tatsächlich häufig nichts anderes als eine übertriebene Stärke. Es kommt nur auf die Verpackung an.

- Hinter Perfektionismus verbirgt sich positiv ausgedrückt der Wille zu exzellenter Leistung.
- Wer gern delegiert, besitzt in der Regel Führungsqualitäten. Er schiebt gern Dinge an, beweist Organisationsgeschick und hat ein Auge für die Talente seiner Kollegen.

- Impulsive Menschen gehen Dinge entschlossen an. Auf dem Weg zum Erfolg stecken sie obendrein ihre Mitmenschen mit ihrer Begeisterung an.
- Geiz ist im Berufsleben in heutigen Zeiten eine Tugend. Wer sparsam mit Ressourcen umgeht, zeigt Verantwortungsbewusstsein.
- Kompromissbereitschaft heißt keinesfalls, dass der Mitarbeiter beim kleinsten Widerstand einknickt. Er geht vielmehr geschickt bei Verhandlungen vor und erzielt für beide Seiten eine Win-Win-Situation.
- Zwanghaftes Verhalten ist sehr unvorteilhaft ausgedrückt. Viel positiver klingt es, wenn jemand zuverlässig und genau auf Details achtet.

Stehen Sie zu Ihrer Leistung?

Die Frage nach Misserfolgen ist ein weiteres Instrument des Personalers, um sich ein möglichst umfassendes Bild von Ihnen zu machen. In diese Kategorie fallen folgende Fragen:

- Auf welche Leistung sind Sie besonders stolz?
- Welche Erfolge haben Sie vorzuweisen?
- Würden Sie sich als erfolgreich bezeichnen?
- Welche Misserfolge hatten Sie bisher in Ihrer beruflichen Laufbahn?

Der Personaler möchte herausfinden: Wie definiert der Bewerber Misserfolg? Welche Beispiele nennt er und in welchem Licht präsentiert er sich dabei? Wer keine Misserfolge zu berichten hat, macht sich verdächtig, etwas zu verschweigen. Wer dagegen zugibt, seine letzte Firma in den Ruin getrieben zu haben, schießt sich ebenfalls ein Eigentor. Wenn Sie von kleineren Missgeschicken berichten, wälzen Sie die Schuld bitte nicht auf Kollegen ab. Und verraten Sie vor allem, wie Sie den Karren wieder aus dem Dreck gezogen haben – oder was Sie für die Zukunft draus gelernt haben.

Seien Sie bei den Erfolgen nicht zu bescheiden. Der Personaler war nicht dabei und kann Ihre Leistung nur einschätzen, wenn Sie sie angemessen darstellen. Bei Teamerfolgen sollten Sie hervorheben, welchen Beitrag Sie geleistet haben. Schließlich will der Personaler ja nur Sie und nicht das ganze Team einstellen.

Wo soll die Reise hingehen?

Irgendwann möchte der Personaler auch wissen, ob Sie Motivation und Leistungsbereitschaft mitbringen oder lieber eine ruhige Kugel schieben möchten:

- Was reizt Sie an der Stelle in unserem Haus?
- Was erwarten Sie von uns?
- Was möchten Sie in zwei/drei/fünf Jahren erreicht haben?
- Was sind Ihre persönlichen Lebensziele?

Außerdem verraten Sie hier, ob Sie sich über Ihre Ziele im Klaren sind oder sich mit einem „Oooch, ich bin da ganz offen …" herausreden. Dass die – durchaus oft gegebene

– Antwort „in xy Jahren möchte ich auf Ihrem Stuhl sitzen" nur begrenzt witzig ist, versteht sich von selbst, oder?

Sie werden den Personaler mit Antworten für sich gewinnen, die in Richtung Weiterbildung, mehr Verantwortung, interessante Projekte/Aufgaben und mehr Gehalt gehen. Der Punkt Gehalt ist an dieser Stelle nicht tabu, da Geld wahrscheinlich einer der Hauptgründe ist, warum Sie arbeiten gehen. Wenn Sie klare Vorstellungen von Ihrem weiteren beruflichen Werdegang haben, können Sie an dieser Stelle ruhig sagen: „Ich möchte in fünf Jahren gern Budgetverantwortung übernehmen und ein Team leiten." Wenn Sie einfach einen guten Job machen wollen, ist das natürlich auch in Ordnung. „Ich mag meinen Beruf sehr gerne. Mein Ziel ist es, dass ich ständig dazulerne und bald die Aufgaben, die ich heute noch als Herausforderung betrachte, routiniert erledige." Mit den persönlichen Lebenszielen runden Sie Ihr Bild als Bewerber ab. Wenn Sie dabei dann Frührente und Taubenzucht nennen, wird Ihnen der Personaler kaum Ihr überdurchschnittliches Engagement als Führungskraft abnehmen. Rutschen Sie nicht zu sehr in die private Schiene, auch wenn der Personaler Sie dazu verführen will. Kommen Sie immer wieder auf das Thema Job zurück, schließlich sitzen Sie ihm ja deswegen gegenüber.

Sind Sie ein Kollegenschwein?

Der Personaler möchte wissen, ob Sie Ihren Mitmenschen Wertschätzung entgegenbringen oder ob Sie ein unverträglicher Fiesling sind, der das Team aufmischt.

- Mit welchen Menschen arbeiten Sie gern/ungern im Team?
- Wie gehen Sie mit Kritik um?
- Was macht Sie wütend?
- Wie würden Sie sich selbst / Ihr Vorgesetzter / Ihre Kollegen Sie charakterisieren?
- Weshalb halten Sie sich für teamfähig?
- Haben Sie Freunde? Wenn ja, welche?
- Mit welchem Menschentyp kommen Sie gar nicht zurecht?

Aus Ihren Antworten zieht der Personaler Schlüsse über Ihr Konfliktlösungspotenzial. Bedenken Sie, dass alle Aussagen, die Sie über andere treffen, viel über Sie selbst aussagen. Drücken Sie sich nicht um diese Fragen der zwischenmenschlichen Beziehungen, sondern streben Sie einen guten Mittelweg an. Wenn Sie sagen „Ich habe keine Probleme mit anderen", wird man Ihnen das kaum abnehmen. Im besten Fall hält man Sie für so naiv, dass Sie nicht einmal merken, wie hinter Ihrem Rücken gelästert wird. Auch hier wieder die Frage: Welche Eigenschaften passen am besten zu Ihrem Beruf und zur angestrebten Position? Teamplayer oder Einzelkämpfer? Ein Vertriebler muss aus anderem Holz geschnitzt sein als eine Krankenschwester. Antworten wie „Ich hatte noch nie Probleme mit Kollegen" wirken schnell unglaubwürdig. Nennen Sie kleine Unstimmigkeiten oder harmlose Auseinandersetzungen: Dann ist der Personaler zufrieden und Sie haben Ihr Konfliktlösungspotenzial unter Beweis gestellt.

Sind Sie ein guter Chef?

Kein leichter Fall für Sherlock Holmes, seinen Gesprächspartner als verantwortungsvolle Führungskraft zu identifizieren:

- Wie ist Ihr Führungsstil?
- Warum wollen Sie führen?
- Wie sollte Ihr Stellvertreter sein? Was sollte er vorweisen, was Sie nicht haben?
- Wie definieren Sie die Begriffe Verantwortung, Leistung, Erfolg?
- Was wollen Sie in den ersten 100 Tagen in unserem Unternehmen erreichen?

Wenn es um die Besetzung einer leitenden Stelle geht, müssen Sie darlegen, dass Sie führen können. Zeigen Sie Branchenkenntnisse, Insiderwissen und berichten Sie von einem vertrauensvollen Verhältnis zu Ihren früheren Mitarbeitern. Wenn Sie sich für eine Führungsposition bewerben, sollten Sie sich unbedingt auf frühere Führungserfahrung berufen. Für wie viele Mitarbeiter hatten Sie Führungsverantwortung? Was hat Ihr Team unter Ihrer Leitung erreicht? Dem Personaler signalisiert diese Information, dass Sie nicht erst ein Dutzend teure Weiterbildungskurse besuchen müssen.

Umgang mit Fehlern

Mit den nachfolgenden Fragen will der Personaler Sie wieder zum Plaudern verführen:

- Was war Ihre bislang größte Fehlentscheidung?
- Welche Entscheidung würden Sie heute anders fällen, wenn Sie die Zeit zurückdrehen könnten?

Geschickt ist hier, wenn Sie einen Fehler eingestehen und gleich hinzufügen, wie Sie ihn wieder ausgebügelt haben. Besonders gern hören Personaler, wenn Führungskräfte Verantwortung übernehmen und für ein Versagen anderer geradestehen.

Auf den Punkt gebracht

Der Personaler hatte bis zum Vorstellungsgespräch nur Ihre Bewerbungsunterlagen in der Hand. Jetzt hat er die Gelegenheit, Sie als Mensch kennenzulernen, Ihr Weltbild, Ihre Vergangenheit und Ihre Wünsche für die Zukunft. Er möchte sicher sein, dass Ihre Soft Skills nicht nur auf dem Papier existieren, dass Sie weder über- noch unterfordert sind und obendrein gut ins Team passen. Vor diesen Hintergrund sehen Sie ihm bitte manch „komische" Frage nach.

Stressfragen – Schluss mit dem Geplänkel

Ein Vorstellungsgespräch ist kein Kaffeeklatsch. Der Personaler muss in kürzester Zeit herausfinden, ob Sie wirklich so gut sind, wie Sie in Ihrer Selbstpräsentation behaupten. Da liegt es nahe, künstlich ein bisschen Stress und schlechte Stimmung zu verbreiten. So sieht er schneller, was Sache ist, als wenn er mit Ihnen lang und breit über Stressresistenz und Konfliktmanagement palavern würde. Lassen Sie sich nicht aus der Fassung bringen. Fragen wie „Sind die Aufgaben nicht zu anspruchsvoll für Sie?" sind nichts anderes als die Aufforderung, noch einmal alle Argumente aus Ihrer Kompetenzbilanz zusammenzufassen und die letzten Bedenken des Personalers zu zerstreuen.

Exkurs: Kleine Fragekunde, Teil 4

Mit Provokationsfragen geht der Personaler auf direkten Konfrontationskurs. Sein Ziel ist es, Sie aus der Fassung zu bringen. Ihr Ziel ist es, die Fassung zu wahren. Wenn Sie den Hintergrund der Frage kennen – nämlich der Versuch, Ihre Stressresistenz und Gelassenheit auf die Probe zu stellen – geht die Runde an Sie.

Beispiele: Haben Sie sich diesen unvorteilhaften Anzug eigentlich selber ausgesucht? Sie haben doch in Ihrem letzten Job viel zu viel verdient. Wie kam das? Warum wollen Sie eigentlich unbedingt wieder arbeiten gehen anstatt sich zu Hause einen schönen Tag mit Ihren Kindern zu machen?

Bleiben Sie also ruhig, freundlich und fragen Sie nach, wenn Sie etwas nicht verstanden haben. Denken Sie daran, der Personaler hat Sie nicht persönlich auf dem Kieker. Er macht nur seinen Job. Also lassen Sie sich nicht provozieren und werden Sie auf gar keinen Fall pampig. Sagen Sie sich: Solange der Personaler sich ausgiebig mit Ihnen beschäftigt, sind Sie noch im Rennen und die Stelle ist noch nicht anderweitig besetzt.

Auf der Suche nach der Schmerzgrenze

In jeder Karriere gibt es wunde Punkte: Mobbing, Ärger mit dem Chef, mangelnde Wertschätzung, missglückte Beförderung. Personaler versuchen, diese heiklen Themen aus ihrem Gegenüber herauszukitzeln, um aus den Antworten Rückschlüsse über die psychische Verfassung des Bewerbers zu ziehen:

- Sind Sie in Ihrer jetzigen Arbeitsstelle ein Außenseiter?
- Warum sind Sie eigentlich in all den Jahren Ihrer letzten Anstellung nicht befördert worden?
- Ihr Chef ist wohl froh, dass er Sie los ist, was?
- Hatten Sie ein Problem mit Ihrem Vorgesetzten – oder er mit Ihnen?

Sitzt da ein labiles Häufchen Elend mit angeschlagenem Selbstwertgefühl? Oder ein Nörgler, der dauernd mit der Ungerechtigkeit der Welt hadert? Verlässt der Bewerber seinen vorherigen Arbeitgeber im Unfrieden? Besteht möglicherweise sogar die Gefahr, dass sich die Gründe für seinen Wechsel wiederholen? An dieser Stelle hört der Personaler ganz genau auf die Zwischentöne: Schließlich möchte sich kein Arbeitgeber eine notorische Niete ins Haus holen. Ganz gerissene Personaler begeben sich zu Testzwecken sogar auf die kumpelhafte Ebene und fangen plötzlich an, über Ihren früheren Chef zu lästern, mit dem sie angeblich zusammen zur Schule gegangen sind. Natürlich hat er diese Geschichte rein zu dem Zweck erfunden, dass Sie darauf einsteigen und mal so richtig auspacken.

Exkurs: Kleine Fragekunde, Teil 5

Mit Suggestivfragen nimmt der Interviewer die Antwort indirekt vorweg, beziehungsweise legt sie seinem Gegenüber in den Mund.

Aufregende Erkenntnisse kommen bei dieser Methode nicht heraus. Derjenige, der die Frage stellt, bekommt im Grunde nur zu hören, was er hören will. Personaler bedienen sich dieser Technik, wenn sie den Bewerber argumentativ in eine bestimmte Ecke drängen wollen, um dann zu sehen, wie er sich wieder herausmanövriert.

Beispiele: Sie sind für die ausgeschriebene Stelle doch völlig überqualifiziert, oder? Wie ich in Ihrem Lebenslauf gesehen habe, haben Sie es wohl bei keinem Arbeitgeber lange ausgehalten?

Schmerzgrenze hin oder her: Sie brauchen sich beim Stressinterview nicht alles gefallen zu lassen. Nur pampig dürfen Sie nicht werden. Schweigepausen ertragen Sie gelassen und ohne peinlich berührt auf Ihrem Stuhl herumzurutschen. Intime Fragen dürfen Sie selbstverständlich freundlich, aber bestimmt zurückweisen. Stehen Sie aber keinesfalls einfach auf und rauschen Sie wutentbrannt aus dem Raum. Möglicherweise will der Personaler in diesem Fall testen, ob Sie sich abgrenzen können oder ob Sie alles mit sich machen lassen.

Schwarze Löcher im Lebenslauf

Nobody is perfect, das wissen auch Personaler. Da sie sich ihren Traumkandidaten nicht backen können, müssen sie Kompromisse akzeptieren.

- Weshalb haben Sie Ihr Studium abgebrochen?
- Warum haben Sie 2009 zweimal Ihre Stelle gewechselt?
- Warum ist das Arbeitszeugnis so schlecht?
- Warum sind Sie schon so lange arbeitslos?

Der eine Bewerber ist zu alt, der andere zu unerfahren. Der nächste hat schlechte Noten oder fehlende Zeugnisse. Ganz exotische Kandidaten bieten eine Auszeit im indischen Ashram oder ein gescheitertes Internet-Startup auf den Bahamas.

An den Fakten können Sie nichts mehr ändern. Aber Sie können dem Personaler den roten Faden in die Hand geben und zeigen, dass die Stationen Ihres Lebenslaufs keine Aneinanderreihung zusammenhangloser Zufälle sind. Was hat die Gründung eines Fingernagelstudios mit der anschließenden Weltreise zu tun? Warum der mehrmalige Wechsel vom Innen- in den Außendienst?

Marketing in eigener Sache

Denken Sie daran: Eine Bewerbung ist Eigenwerbung, also binden Sie um die vermeintlichen Mängel und Lücken im Lebenslauf ein sinnstiftendes, rotes Schleifchen.

Sie müssen sich auf unangenehme Fragen gefasst machen. Welche Fragen tatsächlich schwierig sind, hängt von Ihrer persönlichen Geschichte ab. Die Frage nach dem Verhältnis zum Vorgesetzten kann für den einen Bewerber sehr schmerzlich sein, wenn Erinnerungen an Auseinandersetzungen und Mobbing wach werden, für den anderen ist dieselbe Frage eine unter vielen. Lassen Sie sich bei diesen Fragen nicht zu einer Generalbeichte verleiten. Bestimmen Sie selbst, was Sie erzählen wollen.

Warum gerade Sie?

Gerade die Frage nach der Selbsteinschätzung, warum denn ausgerechnet Sie nun besser als anderen sein sollen, hat schon manchen Bewerber aus der Bahn geworfen:

- Warum sollten wir Sie einstellen?
- Was spricht für und was gegen Sie als unser Kandidat?
- Was machen Sie, wenn wir uns für einen anderen Bewerber entscheiden?
- Ihre Antworten überzeugen mich nicht.
- Welchen Erfolg können Sie der Firma versprechen?

Stottern Sie jetzt nicht verlegen „Tja, weiß ich auch nicht so recht…", sondern fassen Sie Ihre Stärken aus Ihrer Kompetenzbilanz noch einmal zusammen. Wenn Sie nicht für sich selbst ein gutes Wort einlegen können, wer dann? Werfen Sie Ihre Fachkompetenz, Ihre Berufs- oder Auslandserfahrung und was Sie sonst noch an Vorzügen für den Job mitbringen in die Waagschale. Bei den Punkten, die gegen Sie sprechen könnten, halten Sie sich bitte schön zurück. Überlegen Sie sich eine harmlose Kleinigkeit, die nicht sonderlich ins Gewicht fällt, oder gehen Sie überhaupt nicht darauf ein. Sie wollen den Personaler ja nicht noch auf irgendwelche Ideen bringen.

Unzulässige Fragen

Achtung Babyalarm

Lieschen Müller holt tief Luft und knetet ihre Finger. Die Frage des Personalers hängt bedrohlich im Raum: „Wie sieht denn eigentlich Ihre Familienplanung aus? Planen Sie Nachwuchs in nächster Zeit?" Lieschen hat durchaus schon mit dem Gedanken gespielt. Aber wahrscheinlich hat der Arbeitgeber kaum Interesse, eine neue Mitarbeiterin einzustellen, für die er ein paar Monate später eine Schwangerschaftsvertretung suchen muss. „Was fällt Ihnen ein? Diese Frage ist unzulässig. Wissen Sie das nicht?", blafft sie deshalb wütend.

In der Tat gibt es im Vorstellungsgespräch auch unzulässige Fragen. Oft – aber beileibe nicht immer, wie eine aktuelle Studie ergeben hat – wissen die Personaler auch ganz genau, dass sie verboten sind. Aber man kann ja schließlich mal fragen. Keine Angst also, wenn der Personaler sie trotzdem stellt. Er will Sie nicht fertigmachen. Er piekst Sie nur ein wenig an und möchte sehen, ob Sie schnell aus der Haut fahren und zickig werden, wenn es kritisch wird.

! Nach diesen Punkten darf *nicht* gefragt werden:

- *Zugehörigkeit zu einer politischen Partei*
- *Engagement in der Gewerkschaft*
- *Privates: Heiraten, Familienplanung, Hobbys*
- *Frühere Krankheiten*
- *Schwangerschaft, Familienplanung*
- *Schulden, Vorstrafen*

Wenn Sie bei folgenden Fragen flunkern, hat das für die Wirksamkeit des Arbeitsvertrags keine nachteiligen Auswirkungen:

- Wie lange sind Sie schon geschieden?
- Sind Sie schwanger?
- Leben Ihre Eltern bei Ihnen?
- Wie lange zahlen Sie an Ihrem Haus ab?
- Was haben Sie als Betriebsrat erreicht?

Ausnahmen bestätigen die Regel: Bei der Bewerbung für eine schwere körperliche Arbeit ist die Frage nach einer Schwangerschaft berechtigt. Wenn Sie sich bei der katholischen Kirche bewerben, darf der Arbeitgeber berechtigterweise die Gretchenfrage nach der Religionszugehörigkeit stellen. Ähnlich ist die Frage nach einem Finanzdelikt bei einem Bewerber für eine Bank denkbar.

Flunkern mit Charme

Sie brauchen unzulässige Fragen nicht wahrheitsgemäß zu beantworten. Aber gehen Sie elegant mit der Neugier Ihres potenziellen Arbeitgebers um. Haken Sie die Frage kurz und bündig mit einer für Sie stimmigen Antwort ab.

Die Frage nach der Familienplanung darf also getrost falsch beantwortet werden. Sagen Sie am besten: „Kinder sind zum jetzigen Zeitpunkt kein Thema für mich. Ich möchte mich lieber auf meinen Beruf konzentrieren." Der Personaler wird sich mit dieser Antwort erst einmal zufrieden geben und zur nächsten Frage übergehen.

Und was machen Sie so in Ihrer Freizeit?

Streng genommen geht es den Arbeitgeber überhaupt nichts an, was Sie nach Dienstschluss treiben, aber er fragt trotzdem gerne danach:

- Welche Hobbys haben Sie?
- Was für Sport treiben Sie?
- Was haben Sie in den letzten Ferien gemacht?
- Welches Buch haben Sie zuletzt gelesen? Welchen Film gesehen?

- Welche Zeitungen lesen Sie regelmäßig?
- Was würden Sie tun, wenn Sie nicht mehr arbeiten müssten?

Warten Sie bei der Frage nach Ihren Freizeitaktivitäten nicht auf die Eingebung des Augenblicks, sondern legen Sie sich schon vorher ein paar Antworten zurecht. Je nachdem, ob Sie eine Leseratte oder ein Cineast sind, bereiten Sie sich auf Nachfragen vor: Welchen Film haben Sie zuletzt gesehen, welches Buch gelesen?

!

Exkurs: Kleine Fragekunde, Teil 6

Mit Erzählfragen gibt der Interviewer dem Bewerber die Gelegenheit zu längeren Redepassagen. Wie bei der Selbstpräsentation liegt es in der Hand des Bewerbers, eine spannende Episode auszuwählen. Die Betonung liegt auf spannend: Nichts hassen Personaler mehr, als sich im Vorstellungsgespräch langweilen zu müssen.

Beispiele: Erzählen Sie mal etwas über Ihre letzte Tätigkeit. Was machen Sie in Ihrer Freizeit?

Warten Sie bei der Frage nach Ihren Freizeitaktivitäten nicht auf die Eingebung des Augenblicks, sondern legen Sie sich schon vorher ein paar Antworten zurecht. Je nachdem, ob Sie eine Leseratte oder ein Cineast sind, bereiten Sie sich auf Nachfragen vor: Welchen Film haben Sie zuletzt gesehen, welches Buch gelesen? Der Titel eines Buches erzählt Bände über den Bewerber. Sind es Ratgeber, Bildbände, Gedichte oder Science-Fiction-Romane? Mit

Büchern zu Weiterbildungsthemen lässt sich geschickt punkten, allerdings müssen Sie sich auf Nachfragen zum Inhalt gefasst machen. Seien Sie einfach authentisch und stehen Sie zu dem, was Sie gerne lesen – solange Sie nicht auf Arztromane vom Kiosk stehen. Die sollten Sie dann doch besser verheimlichen. Welche Sportarten betreiben Sie und wie oft? Lassen Sie nicht den Eindruck entstehen, dass Sie jede freie Minute in der Muckibude verbringen und versetzen Sie den Personaler nicht mit arbeitgeberunfreundlichen Hobbys wie Fallschirmspringen oder Skirennen in Angst und Schrecken.

Wie sieht Ihre aktuelle Lebenssituation aus?

Auch diese Dinge gehen den Arbeitgeber eigentlich nichts an:

- Sind Sie verheiratet? Leben Sie in einer Beziehung?
- Haben Sie Kinder?
- Was macht Ihr Mann/Ihre Frau beruflich?
- Beschreiben Sie Ihren besten Freund/Ihre beste Freundin.

Aber der Personaler ist eben neugierig. Er möchte erkunden, aus welchem Milieu und aus welchen sozialen Verhältnissen Sie kommen. Also blocken Sie nicht, sondern geben Sie bereitwillig ein paar ausgewählte Details preis. Gehen Sie nicht zu sehr ins Detail, packen Sie keine privaten Probleme aus, sondern zeichnen Sie ein harmonisches Bild Ihres Privatlebens. Natürlich ist Ihr Partner / Ihre Partnerin mit dem Jobwechsel einverstanden und unterstützt die aktuelle Bewerbung. Zur Not dürfen Sie auch in allen diesen Punkten lügen. Die Frage nach dem besten Freund ist für den Personaler sehr aufschlussreich. Hier erfährt er, welche Interessen Sie gemeinsam haben. Und aus diesen lassen sich wieder Rückschlüsse ziehen.

Waren Sie schon mal ernstlich krank?

Missverstehen Sie solche Fragen nicht als Aufforderung, Ihre komplette Krankheitsgeschichte darzulegen:

- Wann waren Sie zuletzt beim Arzt?
- Hatten Sie in Ihrer letzten Arbeitsstelle häufige Fehlzeiten?

Sie sind beim Vorstellungsgespräch und nicht in der Sprechstunde Ihres Arztes. Der Arbeitgeber darf sich nur nach aktuellen Erkrankungen erkundigen, die die berufliche Leistungsfähigkeit beeinträchtigen. Lassen Sie keinen Zweifel daran, dass Sie fit für den neuen Job sind.

Auf den Punkt gebracht

Ein bisschen Stress, ein bisschen schlechte Stimmung und schon knickt der eine oder andere Bewerber ein. Dadurch gewinnt der Personaler wertvolle Erkenntnisse, wie Sie sich bei Problemen im Berufsleben verhalten. Bleiben Sie immer gelassen und lassen Sie sich nicht aus der Ruhe bringen. Kommen Sie immer wieder auf Ihre Erfahrung und Ihre Motivation für den Job zurück. Sehen Sie diesen Teil des Bewerbungsgesprächs als „Waschstraße“ an, durch die Sie durchmüssen und die Sie anschließend besser als vorher dastehen lässt.

Die Arbeitskonditionen

Wenn das Gespräch auf das Thema Arbeitskonditionen kommt, freuen Sie sich nicht zu früh. Das heißt noch lange nicht, dass der Job in trockenen Tüchern ist. Die Fragen zu dieser Phase sehen in etwa so aus:

- Wann könnten Sie bei uns anfangen?
- Wie viel möchten Sie denn bei uns verdienen?
- Wie hoch sind Ihre aktuellen Bezüge?

Diese Fragen stellt der Personaler früher oder später jedem Bewerber. Details zu Urlaubsregelung, Gehalt, Gleitzeit, Incentives, Tarifeingruppierung, Weiterbildung et cetera werden erst bei den eigentlichen Vertragsverhandlungen festgeklopft. Dennoch möchte der Arbeitgeber für seine Planung wissen, wann er mit Ihnen rechnen kann.

Werfen Sie jetzt bitte nicht vor lauter Begeisterung das Arbeitsrecht über den Haufen. Von heute auf Morgen kommen Sie nicht so einfach aus einem Arbeitsverhältnis raus. Das weiß auch der neue Arbeitgeber. Er möchte schließlich auch nicht, dass Sie ihn eines Tages mit fliegenden Fahnen verlassen. Sie können aber natürlich vorschlagen, dass Sie mit Ihrem jetzigen Chef nach einer einvernehmlichen Lösung suchen, bei der eine geordnete Übergabe gewährleistet ist. Wenn Sie nach Ihrer Gehaltsvorstellung gefragt werden, nennen Sie eine konkrete Summe und nicht eine Spanne von womöglich mehreren Tausend Euro. Werfen Sie branchenübliche Tarife und Ihr Know-how in die Waagschale (mehr zum Thema Gehalt im Kapitel „Und was möchten Sie bei uns verdienen?“, ab Seite 101).

Auf den Punkt gebracht

Seien Sie an dieser Stelle lieber ein bisschen zurückhaltend. Sie können arbeitsrechtlich nicht von heute auf morgen Ihren alten Arbeitgeber verlassen. Und Sie sollten auch nicht nach Urlaub, Incentives und Privatnutzung des Firmenwagens fragen. Es macht keinen guten Eindruck, sich schon für die Freizeit zu interessieren, wenn Sie noch nicht mal die Arbeit haben.

Ihre Fragen bitte!

Gedächtnis wie ein Sieb

Small Talk, Selbstpräsentation, erlaubte und unzulässige Fragen – alles gut überstanden. Lieschen Müller stößt innerlich einen Seufzer aus. Fast geschafft. „Haben Sie denn noch Fragen an uns, Frau Müller?", fragt Personalleiter Sparbier aufmunternd. „Ja", setzt Lieschen an. „Ich weiß immer noch nicht so genau, was Sie eigentlich alles so herstellen. Was gehört denn nun zu Ihrer Produktpalette?" Sparbier ist leicht verdutzt. „Nun, wie ich Ihnen eingangs unseres Gesprächs schon recht ausführlich geschildert hatte, produzieren wir …"

Überlegen Sie sich clevere Fragen, die Sie nicht durch einen Blick auf die Homepage hätten selbst recherchieren können. Kluge Fragen beweisen Vorbereitung und Interesse. Schreiben Sie sich die Themen ruhig vorher auf – natürlich nicht auf einen unansehnlichen Schmierzettel, sondern auf ein sauberes Blatt. Wenn das Fragefinale startet, können Sie Ihren Zettel ohne weiteres zu Hilfe nehmen.

Und noch etwas: Sie müssen die Fragen nicht krampfhaft bis zur letzten Runde zurückhalten, wenn sie vorher schon gut ins Gespräch passen. Merken Sie sich die Fragen, die der Personaler bereits beantwortet hat und stellen sie nicht noch einmal. Wenn schon alle Ihre Fragen beantwortet sind, ist es auch gut. Sie müssen dann nicht noch partout welche erfinden und sich möglicherweise den guten Eindruck versauen.

Gute Fragen

Stellen Sie sinnvolle Fragen und durch die Sie noch einmal Ihr Interesse an der Stelle unter Beweis stellen. Der Arbeitgeber erfährt, was Ihnen wichtig ist und Sie bekommen weitere Anhaltspunkte für Ihre Entscheidung, ob das Unternehmen auch zu Ihnen passt. Aus folgenden Bereichen können Sie gut fragen – sofern das noch nicht schon zuvor Thema war

Aufgabenstellung:

- Was genau sind meine Aufgaben?
- Wie sieht ein ganz normaler Arbeitstag aus?
- Welche Gestaltungsmöglichkeiten habe ich?

Zuständigkeit:

- Wem arbeite ich zu?

- Wer arbeitet mir zu?
- Wie sieht das Organigramm aus?
- Wo bin ich hierarchisch angesiedelt?
- Wie wird intern informiert?

Team und Kollegen:

- Wer ist mein direkter Vorgesetzter?
- Wie viele Kollegen gehören zum Team?
- Wie oft und von wem bekomme ich Feedback?

Rahmenbedingungen:

- Wie sieht mein Arbeitsplatz aus?
- Warum ist der Arbeitsplatz frei geworden?
- Wer hat die Aufgabe bislang wahrgenommen?
- Was macht der ehemalige Stelleninhaber jetzt?

Personalentwicklung:

- Welche Weiterbildungen bieten Sie Ihren Mitarbeitern an?
- Gibt es ein Ausbildungsprogramm?

Einarbeitungsphase:

- Wie sehen Form und Dauer der Einarbeitung aus?
- Wird mir ein Ansprechpartner zur Seite gestellt?

- Wie wird die Zielerreichung überprüft?
- Wer misst meine Leistungen und wie?

Schlechte Fragen

Wenn Sie gleich mit der Tür ins Haus fallen und schon im ersten Termin nach Urlaub und Überstundenvergütung fragen, fallen Sie unangenehm auf. Setzen Sie den Personaler nicht mit Fragen unter Druck, wie Ihre Chancen stehen und wie viele Mitbewerber im Rennen sind. Diese Themen sind eher etwas für nachfolgende Termine:

- Gewinnbeteiligung
- Sozialleistungen
- Spesen
- Firmenauto, Bahncard, ÖPNV-Ticket
- Urlaub
- Umzugsvergütung

Auf den Punkt gebracht

Wenn Sie die folgenden Ratschläge im Vorstellungsgespräch beachten, kann eigentlich kaum etwas schiefgehen.

- Seien Sie freundlich. Egal, was passiert. Immer!
- Hören Sie aufmerksam zu. Immer!
- Fragen Sie nach, wenn Sie etwas nicht verstanden haben.
- Beziehen Sie Ihre Antworten immer auf den neuen Job.
- Geben Sie sich professionell, sachlich, verbindlich.

Und was möchten Sie bei uns verdienen?

Klare Ansage

„Frau Müller, wir haben ja noch gar nicht über das Gehalt gesprochen. Was haben Sie sich denn so vorgestellt?" fragt Personalleiter Sparbier. „Ich weiß ja nicht genau, was Sie so zahlen. Ich habe da mal ein bisschen nachgeforscht. Und ich dachte so an 45.000 Euro." Sparbier japst nach Luft. „Das ist eine wirklich stolze Forderung. Deutlich über dem, was wir für diese Position veranschlagt haben. Warum sollten wir so viel für Sie ausgeben?" –„Ach, ich dachte ja nur. Aber wenn das zu viel ist, 35.000 Euro wären auch okay."

In einem Bewerbungsgespräch geht es naturgemäß darum, zu klären, ob man zueinander passt. Auch in finanzieller Hinsicht. Der Part, in dem es um Gehalt, Urlaub und Arbeitszeiten geht, ist ergo elementarer Bestandteil des Bewerbungsprocedere. Schließlich wollen Sie in den kommenden Jahren mit Freude zur Arbeit gehen und sich nicht immer unterbezahlt fühlen. Bei der Gehaltsverhandlung im Bewerbungsgespräch verhält es sich ein bisschen wie beim Flirten. Wer allzu früh über Sex spricht, stört die Romantik empfindlich und erweckt den Eindruck, es ginge ihm allein darum. An seinen ernsthaften Absichten wird dann schnell gezweifelt.

Fürs Erste gilt:

Sprechen Sie das Thema Gehalt im ersten Termin zunächst (!) nicht von sich aus an. Die Firma soll sich erst ein bisschen in Sie und Ihre Fähigkeiten verlieben. Je länger Sie Zeit haben, Qualifikationen in die Waagschale zu werfen, desto mehr Spielmasse haben Sie zum Argumentieren.

Andererseits ist es peinlich, wenn Sie ein Gespräch nach dem anderen mit der Firma führen und Sie der Personaler irgendwann lakonisch fragt, „Sagen Sie mal, wollen Sie eigentlich überhaupt nichts bei uns verdienen?" Damit signalisieren Sie eher eine gewisse Verzweiflung bei der Jobsuche à la *Ich will diese Stelle unbedingt haben, egal wie die Konditionen aussehen*. Diesen Eindruck sollten Sie vermeiden, auch wenn er den Tatsachen entspricht. Es könnte Ihren Preis drücken.

Unterm Strich heißt es also, einen Mittelweg zu finden. Und der könnte so aussehen: Nähert sich Ihr erstes größeres Gespräch mit dem Unternehmen erkennbar dem Ende und der Personaler hat das Gehalt noch nicht angeschnitten, bringen Sie es aufs Tapet, ohne es aber groß auszuwalzen.

Das Gehalt durch die Hintertür

Sie bringen zum Beispiel galant das Gespräch darauf, indem Sie ganz neutral fragen:

- *„Ich nehme an, über die vertraglichen Konditionen sprechen wir dann im kommenden Termin."*
- *„Kann ich davon ausgehen, dass die Gehaltsvorstellungen, die ich in meiner Bewerbung genannt habe, im Rahmen Ihrer Vorstellungen liegen? Genaueres können wir gerne im nächsten Termin besprechen."*

Das zeigt, dass Sie wissen, dass es hier um Leistung und Gegenleistung geht und dass Sie durchaus einen Preis haben. Tatsächlich finden die eigentlichen Gehaltsverhandlungen in aller Regel – aber nicht immer (!) – im zweiten oder dritten Gespräch statt. Seien Sie also vorbereitet. Beim ersten Termin geht es für Sie lediglich darum, Flagge zu zeigen. Es ist nicht unüblich, dass der Personaler – sofern nicht schon in der schriftlichen Bewerbung erbeten – im ersten Gespräch eine grobe Hausnummer über Ihre Gehaltsvorstellungen abfragt, um zu sehen, ob Sie grundsätzlich ins Budget passen. Nennen Sie ihm Ihren Preis, ohne von sich aus weiter ins Verhandeln einzusteigen. Das Gespräch ergibt sich dann ohnehin.

Eine Vorstellung entwickeln

Sofern Sie es nicht schon für die schriftliche Bewerbung getan haben, ist es vor dem ersten Gesprächstermin höchste Zeit, eine Vorstellung zu entwickeln, was Sie an Gehalt in diesem Unternehmen für diese Stelle fordern und erwarten können. Auch bei inhaltlich ähnlichen Positionen variieren die Gehaltsniveaus zwischen Unternehmen deutlich:

- Den größten Ausschlag macht traditionell die Firmengröße. Ein Konzern mit über 5.000 Mitarbeitern zahlt rund 15 Prozent mehr als ein mittelgroßer Betrieb mit 500 Mitarbeitern. Ein 20-Mann-Unternehmen bleibt dagegen bis zu 15 Prozent unter dem, was der mittlere zahlt.
- Die zweite Einflussgröße ist die Region, für die Sie sich bewerben. Nach wie vor gilt: In der Stadt gibt's in der Regel mehr als auf dem Land – wegen der höheren Lebenshaltungskosten brauchen Sie das Plus auch. Im Süden wird hierzulande besser verdient als im Norden, der Westen zahlt mehr als der Osten.
- Zum Schluss macht sich auch die Branche im Gehaltsniveau bemerkbar. Folgende Branchen zählen zu den traditionellen Gutverdienerbranchen: Pharma, Luftfahrt, Elektro- und Medizintechnik, Chemie, Banken, IT, Industrie allgemein. Eher unterdurchschnittlich wird bezahlt in den Medien, der Werbung, der Touristik, dem Handel, in Gastronomie, und Dienstleistung allgemein, auf dem Bau und der Gesundheitsindustrie.

All diese Aspekte müssen jeweils aufs Neue in Ihre Gehaltsüberlegungen einfließen. Für die Gehalts-Recherche können Sie die aktuelle Presse, Berufs- und Branchenverbände, die Gewerkschaften oder Gehalts-Checks im Internet nutzen (zum Beispiel www.personalmarkt.de (kostenpflichtig, aber gut) oder www.stimmt-mein-gehalt.de)

Niemals nur eine Quelle

Checken Sie Ihr Ergebnis immer noch ein-, zweimal gegen. Sonst gehen Sie im schlimmsten Fall mit einer völlig schrägen Vorstellung ins Gespräch, und der Personaler erklärt Sie für verrückt.

Haben Sie sich eine ungefähre Vorstellung gemacht, was für die angestrebte Position realistisch ist, können Sie fünf bis zehn Prozent aufschlagen, um ein bisschen Verhandlungsmasse zu haben. Das müssen Sie im Einzelfall abwägen, je nachdem wie stark die Konkurrenz ist und wie dringend Sie den Job brauchen. Nach einer Studie der Vergütungsberatung Personalmarkt fliegen Kandidaten, die mit ihrer Forderung 20 Prozent über dem Gehaltsrahmen liegen, raus. Und wer sich 40 Prozent zu billig anbietet, ebenfalls.

Die richtigen Worte finden

Oft fragen uns Bewerber: „Ja, aber, wie soll ich das denn formulieren? Ich kann doch nicht einfach sagen, ‚Ich will xy Euro'." Doch, können Sie. Früher hat man Bewerbern gerne empfohlen, eine Gehaltsspanne zu nennen à la ‚zwischen 35.000 und 40.000 Euro'. Dieser Ratschlag hatte zur Folge, dass sich Bewerber wie Aale durchs Gespräch schlängelten und sich partout nicht festlegen wollten. Ein großes Ärgernis für Personalverantwortliche. Sie benötigen klare Ansagen. Also geben Sie sie ihnen.

Formulieren Sie ganz unprätentiös zum Beispiel so:

- *„Ich möchte xy Euro verdienen."*
- *„Mir schwebt ein Gehalt von rund xy Euro vor."*
- *„Wenn ich die Position, um die es geht, richtig verstanden habe, würde ich xy Euro für angemessen halten."*

Und jetzt ein bisschen verhandeln

Daraufhin wird der Personalverantwortliche Ihnen seine Vorstellungen unterbreiten. Nun stehen also zwei Hausnummern im Raum, Sie müssen sie nur noch überein bringen. Liegt das Angebot des Unternehmens schmerzhaft unter Ihren Vorstellungen und scheint sich da trotz einigem Hin und Her nichts zu bewegen, machen Sie einen Vorschlag zur Güte – sofern Sie den Job ansonsten ganz brauchbar finden und haben möchten:

So könnte ein Angebot zur Einigung aussehen:

- *„Wie sähe denn bei dieser jetzigen genannten Summe die Entwicklung in den kommenden drei Jahren aus?"*
- *„Okay, dann schlage ich vor, ich arbeite für xy Euro für Sie, bis Sie sich ein Bild von mir gemacht haben und nach der Probezeit/nach einem Jahr erhöhen wir mein Gehalt auf 40.000 Euro.*
- *Dann würde ich xy Euro als Festgehalt vorschlagen und nach einem halben Jahr, wenn ich mich eingearbeitet habe, würde ich gerne mit Ihnen über eine leistungsabhängige Zulage verhandeln."*

Einigen Sie sich auf eine solche Regelung, sollten Sie zusehen, dass die entsprechenden Zahlen auch so im Arbeitsvertrag niedergeschrieben werden. Eine Formulierung wie „nach Ablauf der Probezeit wird über eine Anpassung gesprochen" ist zu vage.

Bietet der Personaler unterirdisch wenig, scheuen Sie sich nicht, nachzufragen, warum das so ist. Möglicherweise liegen Ihre Vorstellungen von dem Job und dem Verantwortungsbereich ja völlig auseinander. Beispiel: „Ich weiß von anderen Unternehmen in der Branche, die deutlich mehr zahlen. Woher kommen die Unterschiede?" Dann sollten Sie aber auch sicher sein, dass es tatsächlich besser zahlende Firmen gibt. Bitte keine Nebelkerzen!

Wenn Sie sich überraschend schnell einigen – was an sich ja nichts Schlechtes ist, sofern Sie mit dem gebotenen Gehalt glücklich sind –, Sie aber das ungut nagende Gefühl haben, da wäre mehr drin gewesen, können Sie versuchen, vorsichtig „nachzuverhandeln". Etwa so: „Wenn ich das recht verstanden habe, haben wir uns jetzt über die Grundvergütung geeinigt.

Wie sieht es in Ihrem Unternehmen mit leistungsabhängigen Zulagen und Prämien aus?" Oder Sie sprechen je nach Position alternative Gehaltsbestandteile wie Dienstwagen oder Weiterbildung an.

Klären Sie immer, über welche Gehaltszusammensetzung man gerade verhandelt.

Grundsätzlich werden Jahressummen verhandelt, aber ob die sich auf zwölf, 13 oder 14 Gehälter verteilen und sich inklusive oder exklusive Urlaubs- und Weihnachtsgeld oder sonstiger Extras wie Job-Ticket oder Altersvorsorge verstehen, variiert von Unternehmen zu Unternehmen. Fragen Sie auch, inwiefern variable Vergütungsbestandteile wie Boni und Prämien im Unternehmen Usus sind.

Wie viel Pokern ist erlaubt?

Um ein Gefühl dafür zu bekommen, wie vehement – oder besser wie vorsichtig – Sie in Sachen Gehalt verhandeln können, müssen Sie sich erst einmal klar machen, wie viel Spielraum ein Personalverantwortlicher überhaupt hat. Die Gehaltsbandbreite, die eine Firma für Mitarbeiter einer bestimmten Position ausgeben will, ist vorgegeben. Sie wird unter anderem von der Unternehmensgröße, der Branche, der Region, vom Gehaltsniveau bei der Konkurrenz, von Tarifverträgen, der wirtschaftlichen Lage und vom allgemeinen Gehaltsgefüge im Unternehmen bestimmt. Ein Personaler wird niemals einen Kandidaten deutlich teurer oder billiger einkaufen als Kollegen in einer ähnlichen Position. Das schlägt mittelfristig auf den Betriebsfrieden. Bei Berufseinsteigern ist der Verhandlungsspielraum nur wenige Tausend Euro groß, ein exzessives Herumgezocke mit dem Personaler bringt also kaum etwas, die Gehälter stehen weitgehend fest. Bei Managementpositionen oder Berufserfahrenen mit einer gefragten Spezialqualifikation können es schon mal ein paar Tausend Euro mehr sein.

Ob Sie nun für ein Gehalt am oberen Rand der Bandbreite oder am unteren Rand angeheuert werden, hängt von der Passgenauigkeit Ihrer Fähigkeiten für die betreffende Stelle ab – und nicht zuletzt von Ihrem Verhandlungsgeschick.

Stellen Sie immer wieder Ihre speziellen, für die Stelle relevanten (!) Kenntnisse und Erfahrungen heraus. Betonen Sie Ihre bisherigen beruflichen Erfolge in diesem Bereich.

Um dauerhaft auf einer Stelle glücklich zu werden, braucht es mehr als ein gutes Gehalt. Unterm Strich muss das Gesamtpaket stimmen. Ein üppiges Weiterbildungsangebot und gute Karriereperspektiven bringen Sie mittelfristig weiter als 5.000 Euro mehr Gehalt pro Jahr.

Auf den Punkt gebracht

Gehaltsverhandlungen sind fester Bestandteil im Bewerbungsprozess.

- Da Gehälter stark nach Unternehmensgröße, Branche et cetera variieren, müssen Sie sich für jede Bewerbung aufs Neue eine Hausnummer überlegen.
- Ziehen Sie Gehaltsstudien, Verbandsinfos und Gehalts-Checks im Internet zu Rate.
- Die Firma hat genaue Vorstellungen, wie viel sie für eine Position ausgeben will. Je seltener Ihre Qualifikation, desto stärker können Sie pokern.
- Mäßigen Sie sich beim Verhandeln. Allzu viel Basargehabe macht keinen guten Eindruck.
- Klären Sie, wie sich das Gehalt jeweils zusammensetzt (inklusive 13./14. Monatsgehalt, variable Bestandteile, Weihnachts-/Urlaubsgeld, sonstige Leistungen).

Der gelungene Abgang

Hauptsache abhaken

‚Uff, geschafft. Jetzt bloß raus hier', denkt Lieschen Müller und hastet, den Mantel unter den Arm geklemmt, durch die Konferenzzone der Schneeberger GmbH. Im Treppenhaus pult Lieschen ihr Handy aus dem Mantel und ruft ihre Freundin Gerda an. „Du, das war vielleicht ein Termin. Schrecklich. Die haben voll fiese Fragen gestellt. So richtig sympathisch fand ich den Personaler nicht. Also ich weiß nicht, ob ich da arbei …" – „Ähm, hallo Herr Sparbier, was machen Sie denn hier?" „Ich wollte schauen, ob Sie gut hinausgefunden haben. Ist ja ein bisschen unübersichtlich hier. Aber ich sehe, Sie haben es nicht so eilig, hier herauszukommen."

Ihr Bewerbungsgespräch wird in der Regel mit einem kleinen Small Talk ausklingen. Man dankt sich gegenseitig (!) für das angenehme/interessante Gespräch, bespricht das weitere Vorgehen im Bewerbungsprozess und wird Sie hinaus geleiten. Sie haben – sofern es insgesamt zum Verlauf Ihres Gesprächs passt – an dieser Stelle noch einmal die Gelegenheit, galant zu betonen, wie sehr Sie das Gespräch und alles, was Sie über das Unternehmen und die Stelle gehört haben, bestärkt haben, hier arbeiten zu wollen. Kleiner Tipp: Wenden Sie sich beim Verlassen des Raumes noch einmal freundlich zu Ihren Gesprächspartnern um. So ist Ihr Lächeln das Letzte, was sie von Ihnen sehen, und nicht Ihr Hinterkopf.

Auch wenn Sie nicht wissen, wohin mit Ihrem Adrenalin: Bitte keine Luftsprünge oder Missfallensausbrüche auf dem Parkplatz. Auch den Anruf bei Eltern oder Freunden sollten Sie sich für weit jenseits des Firmengeländes aufsparen. Man weiß nie, wer's mitkriegt und seine Schlüsse daraus zieht.

Ziehen Sie Bilanz – zügig

Solange Ihre Erinnerungen noch frisch und „ungeschönt" sind, suchen Sie sich zügig ein Café, eine Parkbank oder einen ruhigen Parkplatz und fertigen Sie ein Gedächtnisprotokoll an. Schreiben Sie alles auf, was Ihnen in den Sinn kommt, was Sie gesehen, gefühlt, gerochen, gehört oder gesprochen haben.

Ein Gedächtnisprotokoll ist in vielerlei Hinsicht nützlich:

Es dient Ihnen als Gedächtnisstütze für alle weiteren Gespräche mit dem Unternehmen. Damit Sie auch nach Wochen noch nachvollziehen können, was Sie mit wem besprochen haben. Sehr sinnvoll, damit Sie sich im Folgetermin nicht selbst widersprechen. Sie können es als Entscheidungshilfe nutzen: „Sind diese Firma und der Job wirklich was für mich?" Sie können so Ihre eigene Performance Revue passieren lassen: „Wo lief es ganz rund? Wo muss ich noch üben?"

Hier ein paar Denkhilfen für Ihr Brainstorming	
▸ Mit welchen Personen hatten Sie Kontakt *(von der Sekretärin bis zum Personaler)*? Name, Position, Eindruck, Aussehen.	✓
▸ Was hatten Sie an? *(Im nächsten Gespräch sollten Sie zumindest bei Hemd/Bluse und Krawatte variieren.)*	
▸ Welche Fragen hat man Ihnen gestellt? Was haben Sie geantwortet? *(Damit Sie sich im nächsten Gespräch nicht widersprechen.)*	
▸ Was haben Sie von sich erzählt? Wie argumentiert?	
▸ Welche Fragen haben Sie gestellt? *(Damit Sie nicht beim zweiten Termin noch mal danach fragen.)* Welche Antworten haben Sie bekommen?	
▸ Welcher Job wurde Ihnen angeboten? Was wären Ihre Aufgaben?	
▸ Welche Konditionen hat man Ihnen geboten?	
▸ Wie hat es dort ausgesehen, wie gerochen, wie hat sich das Unternehmen für Sie angefühlt?	
▸ Welchen Eindruck hatten Sie von der Stimmung in der Firma, von den Mitarbeitern, die Sie getroffen haben, von den Räumlichkeiten, vom Umgangston?	
▸ Was ist Ihnen positiv aufgefallen? Was negativ?	
▸ Haben Sie Ihren Arbeitsplatz gesehen? Ihre Vorgesetzten? Ihre Kollegen? Wie sind die so drauf?	
▸ Wie haben Sie sich insgesamt im Gespräch geschlagen? Wo waren Sie gut? Wo müssen Sie noch an Ihrer Argumentation feilen?	
Ihr Gesamtresümee über den Termin und den Job	

!

Gehen Sie nach dem Gespräch zügig mit sich ins Gericht:

Wie fühlt sich das Unternehmen für Sie an? Wäre der Job tatsächlich was für Sie? Wie fühlt sich der Gedanke an, dass Sie jeden Tag dort hingehen müssten / dürften? Ist die Stelle indiskutabel für Sie, sagen Sie der Fairness halber zügig ab – oder Sie geben ihr eine reelle zweite Chance.

Vielen Dank für den Termin

Ein geschicktes, aber auch kniffliges Mittel, um sich noch mal als engagierter Bewerber in Erinnerung zu bringen, ist der Dankesbrief. Ein bis drei Tage nach Ihrem Termin (nicht deutlich später!) sollte er an Ihren Gesprächspartner rausgehen. In ihm bedanken Sie sich noch mal für das interessante und freundliche Gespräch. Zeigen Sie zum Beispiel auf, welche Aspekte und Informationen Sie besonders spannend fanden. Bekräftigen Sie, dass Sie das Gespräch bestärkt hat, sich in dem Unternehmen einbringen zu wollen. Hatten Sie das Gefühl, dass Sie in Ihrem Gespräch nicht alle Argumente, die für Sie sprechen, adäquat rüberbringen konnten, so können Sie das gerne im Brief auch so ansprechen und diese Aspekte noch mal kurz (!) aufführen oder klarstellen. Bringen Sie die drei bis fünf stärksten Argumente, die für Sie als Person auf eben dieser Stelle sprechen.

Charmante thematische Aufhänger für solch ein Schreiben sind natürlich Informationen oder Unterlagen, die Sie versprochen hatten nachzuliefern. Aber auch, wenn Sie keinen solchen unmittelbaren Anlass vorbringen können, ist ein Dankschreiben eine gute Idee, um sich von anderen Bewerbern abzuheben.

Ein Dankesschreiben muss auf jeden Fall intelligent gemacht sein. Eine schlichte Aneinanderreihung von Plattitüden à la „Ich bin belastbar, teamfähig, engagiert ..." erzielt leicht den gegenteiligen Effekt. Wer sich das nicht zutraut: Finger weg. Es geht auch ohne.

Ich wollt bloß mal nachfragen

Zum Abschluss Ihres Termins hat Ihnen Ihr Gesprächspartner üblicherweise das weitere Procedere im Bewerbungsprozess und das angepeilte Timing erläutert. Auch wenn es Sie verständlicherweise in den Fingern juckt, sollten Sie nicht vor Ablauf dieses Termins anrufen. Auf eine zügige Entscheidung zu drängen ist sinnlos. Man wird Sie Ihnen zu diesem Zeitpunkt nicht geben können – mal ganz abgesehen davon, dass Ihr Anruf nervt.

Meist werden noch ein paar weitere Kandidaten unter die Lupe genommen, bevor die Personalabteilung die Auswahl vornimmt. Die heißeren Kandidaten gehen dann in aller Regel zur Begutachtung in die Fachabteilungen, wo sie noch mal ausgiebig gedreht und gewendet werden, bevor das Geschehen in eine neue Runde geht. Und je größer das Unternehmen, desto mehr Personen sind involviert. Darüber können schnell so einige Tage und Wochen ins Land gehen. Urlaubszeit, Grippewellen, Weihnachts- und Osterfeiertage ziehen den Prozess unter Umständen noch zusätzlich in die Länge. Bewerber äußern oft extremes Unverständnis für diese langen Fristen und sind der Meinung, das müsste doch schneller gehen. Nicht wenige kreiden es dem Unternehmen so heftig an, dass sie bei so einem „Saftladen" gar nicht mehr arbeiten wollen. Fakt ist, dass Bewerbungsverfahren tatsächlich eine langwierige Angelegenheit sind. Der Personaldienstleister Robert Half hat erhoben, dass Unternehmen zurzeit im Schnitt 8,3 Wochen benötigen, um über die Besetzung einer Fachposition zu entscheiden. Für eine Managementstelle nimmt man sich 10,7 Wochen Zeit. Bewerber müssen sich also gedulden. Und wie dem auch sei, die Firmen sitzen ohnehin am längeren Hebel. Sie haben die Stellen zu vergeben.

! Zwei bis vier Wochen, nachdem der vereinbarte Termin ohne Reaktion vom Unternehmen verstrichen ist (oder zwei bis vier Wochen nach Ihrem Gespräch, sofern kein Termin genannt worden war), können Sie guten Gewissens nachhaken.

Fragen Sie nach dem Stand des Prozederes und wann mit einer Entscheidung zu rechnen ist. Fragen Sie nicht (!), ob Sie noch im Rennen sind und wie Ihre Chancen stehen.

Wenn Sie, Ihrer Einschätzung nach, zu den heißen Kandidaten gehören, können Sie in diesem Telefonat auch anführen, dass Sie sehr, sehr gerne bei diesem Unternehmen anfangen möchten, Ihnen aber mittlerweile andere, längst nicht so interessante Angebote vorliegen würden und Sie nun deshalb ein bisschen zwischen den Stühlen sitzen. Möglicherweise beschleunigt das den Entscheidungsprozess. Der Haken: Gehören Sie zu den Wackelkandidaten, wird man Ihrem Glück anderswo nicht länger im Weg stehen wollen.

Auf den Punkt gebracht

So wird's ein gelungener Abgang:

- Fertigen Sie umgehend nach dem Termin ein Gedächtnisprotokoll an, über das, was besprochen wurde, was Sie gesehen haben, Ihre Eindrücke und Gefühle.
- Mit einem intelligenten Dankesschreiben bringen Sie sich noch mal positiv in Erinnerung. Aber gut muss es sein!
- Ziehen Sie für sich Bilanz: Wäre das Unternehmen etwas für Sie? Sagt Ihnen der Job zu? Falls nicht, sagen Sie höflicherweise zügig ab.
- Planen Sie ein, dass sich die Entscheidung über Ihre Bewerbung einige Wochen hinziehen kann. Das ist normal.
- Zwei bis vier Wochen nach Ihrem Termin bzw. nach dem vereinbarten Zeitpunkt, an dem sich das Unternehmen melden wollte, können Sie höflich nach dem Stand der Dinge fragen. Fragen Sie ***nicht***, wie Ihre Chancen stehen.

Auf in die nächste Runde

Was kümmern mich meine Worte von gestern

„Liebe Frau Müller, schön Sie heute hier noch mal begrüßen zu dürfen. Mich kennen Sie ja schon, aber darf ich Ihnen Herrn Probst vorstellen? Herr Probst ist Leiter unserer Abteilung Marketing und wäre dann Ihr Fachvorgesetzter." Lars Probst reicht Lieschen Müller schwungvoll die Hand. „Frau Müller, ich weiß, das haben Sie Herrn Sparbier alles schon erzählt, aber würden Sie mir auch noch ein paar Ausschnitte aus Ihrem Lebenslauf berichten?" „Gerne, tja, also. Wie Sie ja meinem Lebenslauf entnehmen, bin ich vor 27 Jahren in Berlin geboren. Meine Eltern sind Horst und Gisela Müller. Ich habe in Berlin die Grundschule besucht … Und in meiner Freizeit spiele ich gerne Volleyball. Sie wissen schon, wegen des Teamerleb…" „Entschuldigung, dass ich Sie so abrupt unterbreche", schaltet sich Personalleiter Sparbier ein. „Aber spielten Sie beim letzten Mal in Ihrer Freizeit nicht am liebsten Handball?"

Prima, Sie haben das erste Level im großen Bewerbungsadventure erfolgreich geschafft. Derzeit werden nach einer Studie des Personaldienstleisters Robert Half für eine Fachposition im Schnitt 2,7 Interviews geführt und für eine Managementstelle sogar 3,2 Gespräche. Jetzt heißt es, sich auf einige neue Hürden vorzubereiten. Denn wie in jedem guten Adventure warten nicht die gleichen Herausforderungen auf Sie wie in der Vorrunde. Nachdem die Firma im ersten Gespräch geklärt hat, ob Sie grundsätzlich passen würden, will man Sie nun noch genauer kennenlernen. Die Zahl der Kandidaten ist jetzt wesentlich kleiner als zuvor.

Neue Teilnehmer an Bord

Voraussichtlich werden Sie im anstehenden Termin eine etwas andere personelle Besetzung vorfinden. Sofern nicht schon im ersten Gespräch dabei, stoßen jetzt in aller Regel die Kollegen aus der Fachabteilung dazu, vielleicht Ihr späterer direkter Vorgesetzter oder ein übergeordneter Bereichsleiter, manchmal auch die Kollegen et cetera.

Die neuen Teilnehmer bedeuten für Sie, dass Sie einen kleinen Spagat hinbekommen müssen: Sie müssen die Neuen, die ja inhaltlich noch nicht voll im Bilde sind, mitnehmen, ohne die Alten zu langweilen. Das bekommen Sie am besten hin durch Variationen in Ihrer Wortwahl. Entwickeln Sie im Vorfeld „neue" Formulierungen für Ihre alten Inhalte. Das zeigt unter anderem auch, dass Sie wirklich dahinter stehen und nicht nur auswendig gelernt haben.

Beten Sie im Termin nicht noch mal Ihren kompletten Lebenslauf herunter, sondern lassen Sie an geeigneten Stellen immer mal die eigenen Qualifikationen und Erfahrungen aus Ihrem Lebenslauf einfließen.

Konsistenz ist alles: Das, was Sie im zweiten Gespräch von sich geben, sollte zu den Inhalten des ersten passen. Wer plötzlich andere Fähigkeiten, Stärken und Schwächen entwickelt als im ersten Termin, macht sich unglaubwürdig und muss mit Rückfragen rechnen.

So bereiten Sie sich gut auf das kommende Gespräch vor:

- Nehmen Sie sich Ihr Gesprächsprotokoll vom ersten Termin vor und rufen Sie sich in Erinnerung, was man von Ihnen wissen wollte und was Sie vorgebracht haben.
- Im ersten Termin hat man Ihnen ein bisschen mehr zur Firma, der Branche, den Märkten und den Produkten erzählt. Gehen Sie auf Basis dessen noch mal Ihren Lebenslauf, Ihre Fähigkeiten und Erfahrungen durch. Können Sie in Ergänzung zum ersten Gespräch noch weitere neue Aspekte anbringen?
- Schauen Sie sich auf der Webseite nach aktuellen Firmen-News um. Googeln Sie die aktuellen Meldungen zum Unternehmen, zur Branche und zu Ihrem Themenbereich.
- Da nun fachkundiges Personal an Bord ist, müssen Sie spätestens jetzt mit Fragen zu Ihrem Fachgebiet rechnen. Überfliegen Sie – sofern relevant – noch mal Ihre Arbeiten und Projekte und studieren Sie die aktuelle Fachpresse zu entsprechenden Themen und aktuellen Entwicklungen.
- Überlegen Sie noch einmal: Sind Ihnen Ihr neuer Job und die Arbeitsbedingungen völlig klar geworden oder haben Sie noch Fragen fürs nächste Gespräch? Denken Sie sich neue, intelligente Fragen aus.
- Im zweiten Gespräch geht es in der Regel verschärft um die Themen Gehalt und sonstige Arbeitskonditionen wie Urlaub, Karriereperspektiven oder Weiterbildung. Stellen Sie Ihr Idealpaket zusammen – dabei aber bitte halb-

wegs realistisch bleiben – sowie ein Minimalpaket. Bereiten Sie sich, sofern noch nicht geschehen, auf die Gehaltsverhandlung vor (mehr Infos dazu siehe ab Seite 101).

Spezialfall Assessment-Center

Je nach Bewerbungsprozedere sehen manche Unternehmen für die zweite Runde ein so genanntes Assessment-Center (AC) vor, sehr oft beispielsweise, wenn es für Hochschulabsolventen um einen Ausbildungsplatz in einem Traineeprogramm geht. Aber auch Personal- und Unternehmensberatungen setzen gerne ACs ein.

Assessment-Center (ACs) sind Gruppenauswahlverfahren, in denen die Bewerber-Kandidaten verschiedenste Bewerbungsrunden durchlaufen und dabei von Unternehmensvertretern – Personalern wie Fachvorgesetzten – beobachtet und bewertet werden.

- Die Aufgaben, die dort zu bewältigen sind, sind sehr vielfältig und stellen inhaltlich meist auf das Unternehmen und seine typischen Themen ab. Üblicherweise sind sie aus drei verschiedenen Aufgabenklassen zusammengesetzt.
- In einem Teil hat der Bewerber wie in einem Test Aufgaben zu lösen. Das kann die Abfrage oder das Anwenden von Fach- und Allgemeinwissen sein oder das Lösen von speziellen Organisations- oder Managementaufgaben.
- Einen weiteren Teil bestreiten alle Kandidaten gemeinsam und müssen im Plenum Aufgaben lösen, Entschei-

dungen fällen oder Probleme diskutieren. Hier geht es nicht um die Lösung an sich, sondern wie Sie sich im Zusammenspiel mit anderen geben.

- Der dritte Teil erinnert am ehesten an ein herkömmliches Bewerbungsgespräch: Bei einer Selbstpräsentation stellt ein Bewerber sich und sein Können kurz, knackig, präzise und mitreißend vor.

Speziell durch die Gruppenkonstellation ist ein AC eine völlig andere Herausforderung als ein herkömmliches Bewerbungsgespräch. Steht bei Ihnen ein AC im Raum, sollten Sie sich unbedingt und akribisch darauf vorbereiten. Ohne Vorbereitung brauchen Sie gar nicht erst antreten. Glücklicherweise sind viele Elemente in diesen Runden recht standardisiert und lassen sich gut trainieren. Gute Fachbücher dazu gibt es zuhauf.

Auf den Punkt gebracht

Was es zum zweiten Termin zu wissen und zu tun gibt:

- Es werden neue Gesprächspartner dazu stoßen. Fachverantwortliche werden Ihr Fachwissen testen wollen.
- Überfliegen Sie Ihre fachlichen Arbeiten und Projekte, damit Sie dazu Fragen beantworten oder flüssig darüber erzählen können.
- Ein Assessment-Center unterscheidet sich deutlich von herkömmlichen Gesprächssituationen. Steht bei Ihnen eines an, trainieren Sie die verschiedenen Elemente. In ACs wird unter anderem Ihr Gruppenverhalten begutachtet.

Leider müssen wir Ihnen mitteilen ...

Und raus bist du

‚Sehr geehrte Frau Müller, wir bedanken uns ganz herzlich, dass Sie bei uns waren, müssen Ihnen aber leider mitteilen, dass wir uns für einen Ihrer Mitbewerber entschieden haben. Bitte nehmen Sie es nicht persönlich ...' Lieschen Müller starrt etwas konsterniert auf den Brief in ihrer Hand. Es war doch eigentlich alles ganz gut gelaufen. ‚Nicht persönlich nehmen, dass ich nicht lache.' Schon die zehnte Absage. ‚Wozu renne ich eigentlich immer zu diesen Firmen, wenn die mich dann doch nicht wollen? Dabei gebe ich mir immer solche Mühe', denkt Lieschen frustriert und feuert das Schreiben auf den mittlerweile nicht mehr ganz so kleinen Stapel neben dem Telefon. Schon wieder von vorne anfangen. Schon wieder aufraffen.

Für uns als Buchautorinnen ist es natürlich leicht zu schreiben, „Nehmen Sie eine Absage nicht persönlich". Und trotzdem geht es genau darum: Nehmen Sie sie nicht persönlich. Dass Ihnen abgesagt wurde, heißt nicht, dass Sie schlecht sind, sondern „nur", dass ein anderer für noch passender gehalten wurde.

Nichts gegen Sie

Machen Sie sich klar: Auf eine Stellenausschreibung bewerben sich je nach Fachgebiet und Branche oft Hunderte von Interessenten. Bestenfalls ein, zwei Dutzend werden zum Gespräch gebeten und am Ende kann nur einer das Rennen machen. Oft werden Positionen auch nachträglich noch mit internen Kandidaten besetzt, oder das Unternehmen entschließt sich aus wirtschaftlichen Gründen, die Stelle doch noch eine Weile vakant zu lassen.

Eine Absage ist also wahrlich kein unwahrscheinliches Ereignis. Und vor allem keines, das sich gegen Sie als Person richtet. Auch wenn es zugegebenermaßen schon eine hohe Frustrationstoleranz braucht, um eine Absage mal eben so wegzustecken und nicht als Zurückweisung zu empfinden. Schließlich hatte man sich ja Hoffnungen gemacht.

Hilft aber alles nichts. Nachdem Sie Ihre Wunden geleckt haben, heißt es nun nach vorne zu schauen und engagiert weiterzumachen.

! Ziehen Sie an diesem Punkt aus dem zurückliegenden Bewerbungsprozess so viele Erkenntnisse, wie Sie können.

Folgende Überlegungen könnten bei der Analyse ganz hilfreich sein:

- Was haben Sie aus den Schilderungen Ihrer Gesprächspartner über das Unternehmen, seine Konkurrenten, über Marktanteile und die Branche erfahren? – Solche Infos können Sie gut für kommende Gespräche verwenden.
- Was haben Sie über die Jobinhalte und die entsprechenden Anforderungen an den Stelleninhaber gelernt? Welche Fähigkeiten waren dem Unternehmen beson-

ders wichtig, welche eher nicht? – Möglicherweise sollten Sie die Inhalte Ihrer Selbstpräsentation entsprechend umgewichten, falls zu erwarten ist, dass andere Firmen das ähnlich sehen.

- Was hat Ihnen an der Firma, der Stelle, der Stimmung im Unternehmen, an der Größe etc. gefallen? Was nicht? – Je nach Ergebnis halten Sie künftig nach ähnlich gestrickten Unternehmen Ausschau, oder vermeiden sie bewusst.
- Wie haben Sie sich selbst empfunden? Wie lief Ihre Selbstpräsentation? Wo lief es rund? Wo sehen Sie noch Verbesserungsbedarf? Auf welche Fragen waren Sie nicht vorbereitet? – Verbuchen Sie jedes Gespräch als kostenloses Training. Wenn Sie alles aufmerksam nachbereiten und konsequent an sich und Ihrem Auftritt feilen, werden Sie sukzessive besser und sicherer.

Sollten Sie feststellen, dass Sie immer wieder an der gleichen Stelle im Bewerbungsprozess rausfliegen – sei es, dass Sie nie zum Gespräch geladen werden, oder immer der andere verbliebene Kandidat das Rennen macht, sollten Sie dort noch mal ansetzen und Ihre Strategie, Ihre Unterlagen oder Ihren Auftritt überdenken.

Erhalten Sie beispielsweise immer nach der „Personalerrunde" die Absage, ist das ein Zeichen dafür, dass Sie sich als Person mit Ihren Soft Skills etc. noch nicht optimal präsentieren. Fliegen Sie stets nach dem Gespräch mit Fachvorgesetzten raus, kann es daran liegen, dass Sie Ihre Fachkenntnisse nicht deutlich genug machen oder dass sie schlicht und einfach zu dürftig sind. Das müssen Sie herausfinden – und abstellen.

Nachfragen hilft weiter

Auch wenn uns die Personalverantwortlichen für diesen Rat wahrscheinlich verfluchen werden, wir geben ihn trotzdem: Fragen Sie höflich im Unternehmen nach dem Grund für Ihre Absage – sofern er nicht schon klipp und klar im Schreiben nachzulesen ist.

Falls Sie schon gleich nach der ersten Gesprächsrunde rausgeflogen sind, wird man Ihnen wahrscheinlich nicht sehr viel weiterhelfen können. Das Bewerberfeld ist da meist noch groß und unübersichtlich, so dass sich die Personaler nicht dezidiert an jedes Gespräch erinnern können.

Fallen Sie dagegen in späteren Phasen, nach mehreren Gesprächen durchs Rost, wird man sich deutlich eher entsinnen und Ihnen Auskunft erteilen können. Fragen Sie dabei nicht vorwurfsvoll oder weinerlich in dem Stile „Woran hat es denn gelegen?" oder „Was habe ich bloß falsch gemacht?" Erkundigen Sie sich lieber, an welcher Stelle Sie Ihr Profil noch erweitern sollten und wo der Personaler noch Verbesserungsbedarf sehen würde. Erkundigen Sie sich , was der Kandidat, für den man sich entschieden hat, an zusätzlichem Repertoire mitbringt. Positiver Nebeneffekt: Sie fühlen sich möglicherweise nicht mehr ganz so schlecht. Gegen Supermann ausgeschieden zu sein, ist keine Schande.

Oft ergeben sich aus solchen Gesprächen auch Anknüpfungspunkte für die Zukunft. Wenn Sie beispielsweise erfahren, dass die Stelle erst später besetzt wird. Oder wenn man Sie durchaus für sehr interessant hielt, aber eben nicht für genau diese eine Position, können Sie sich für spätere Stellen andienen. Siehe da, schon haben Sie wieder ein Hintertürchen geöffnet. Und irgendwann ist der Brief dann eben nicht mehr unfreundlich braun und DIN A4, sondern klein, weiß und freundlich: „Wir freuen uns, Sie begrüßen zu dürfen."

Wir drücken Ihnen alle Daumen, die wir erübrigen können.

Auf den Punkt gebracht

So gehen Sie mit Absagen um:

- Auch wenn es schwer fällt: Nehmen Sie die Absage nicht persönlich.
- Analysieren Sie, was Sie in den zurückliegenden Gesprächen über die Branche, die Unternehmen, die Stellenprofile etc. erfahren haben. Frischfutter für Ihre künftige Argumentation.
- Lassen Sie die Gespräche noch einmal Revue passieren und optimieren Sie entsprechend die Punkte, an denen Ihre Selbstpräsentation etc. noch nicht ganz rund lief. Überlegen Sie schlaue Antworten auf die Fragen, die Sie im Gespräch überrascht haben.
- Fragen Sie im Unternehmen nach, warum Ihnen abgesagt wurde. Wo sieht der Personaler noch Verbesserungspotenzial. Was hat der Ausgewählte, was Sie nicht haben?
- „Verlassen" Sie das Unternehmen im Guten. Sie wissen nie, ob die nicht mal auf Sie zurückkommen oder ob Sie sich nicht noch mal dort bewerben möchten.

Die Autorinnen

Ulrike Heitze ist freie Wirtschaftsjournalistin und Karriereberaterin in Düsseldorf. Seit einigen Jahren selbstständig, hat die Zeit als Ressortverantwortliche beim Magazin Handelsblatt Junge Karriere sie dennoch geprägt: Neben Themen wie Finanzen und Recht gehören Karriere und Bewerbung nach wie vor zu ihren Leib- und Magenthemen.

Julia Kleine ist freie Journalistin, Bewerbungs- und Karrierecoach in München und Frankfurt. Ihre Affinität zu Karriere- und Bewerbungsthemen entwickelte sie bei FOCUS Online, wo sie die Leitung des Ressorts Karriere innehatte. Mittlerweile selbstständig, coacht sie Berufsein-, -um- und -aufsteiger und lehrt an der Journalistenakademie Dr. Hooffacker sowie an der Fachhochschule Würzburg Online-Journalismus und -PR.

Impressum:

Verlag C. H. Beck im Internet: www.beck.de
ISBN: 978-3-406-60261-0

Wilhelmstraße 9, 80801 München

Lektorat und DTP:: Lektorat Frank Eschmann
Umschlaggestaltung: Bureau Parapluie, 85238 Petershausen
Umschlagbild: © Yuri Arcurs - Fotolia.com
Druck und Bindung: Druckhaus „Thomas Müntzer" GmbH,
99947 Bad Langensalza

Gedruckt auf säurefreiem, alterungsbeständigem Papier
(hergestellt aus chlorfrei gebleichtem Zellstoff)